EDIUS 6.5
快刀手高效剪辑技法

三拍客 田鹏 周权虎 郭圣路 编著

U0318243

人民邮电出版社
北京

图书在版编目（ＣＩＰ）数据

EDIUS 6.5快刀手高效剪辑技法 / 三拍客等编著. --
北京 : 人民邮电出版社，2014.5（2018.12重印）
ISBN 978-7-115-34707-7

Ⅰ. ①E… Ⅱ. ①三… Ⅲ. ①视频编辑软件 Ⅳ.
①P317.53

中国版本图书馆CIP数据核字(2014)第032340号

内 容 提 要

EDIUS 是一款用于广播电视和影视后期制作的视频剪辑软件，它支持当前所有标清和高清格式的实时编辑，被誉为 PC 平台上的剪辑软件快刀手。本书系统地介绍了 EDIUS 6.5 的使用方法，读者不仅能从中学会软件的操作方法，还能掌握在实际工作中视频剪辑的思路和技巧。

本书讲解清晰，重点突出，既可作为影视制作、婚庆影楼、电教中心等从业人员的自学参考书，也可作为大专院校相关专业的教学用书。为了方便读者学习，随书附带 1 张 DVD-ROM 光盘，提供书中用到的视频素材、实例文件及教学视频。

◆ 编　著　三拍客　田　鹏　周权虎　郭圣路
　　责任编辑　王峰松
　　责任印制　杨林杰

◆ 人民邮电出版社出版发行　　北京市丰台区成寿寺路 11 号
　　邮编　100164　　电子邮件　315@ptpress.com.cn
　　网址　http://www.ptpress.com.cn
　　北京虎彩文化传播有限公司印刷

◆ 开本：787×1092　1/16
　　印张：20.5
　　字数：435 千字　　　　　　2014 年 5 月第 1 版
　　印数：4 101 – 4 400 册　　2018 年 12 月北京第 6 次印刷

定价：89.00 元（附光盘）

读者服务热线：(010)81055410　印装质量热线：(010)81055316
反盗版热线：(010)81055315
广告经营许可证：京东工商广登字 20170147 号

推荐序一

数字创意产业是 21 世纪最具发展潜力、最具生命力的朝阳产业之一。伴随着软硬件技术的迅猛发展，数字创意产品对人们日常生活的影响正日益加深。无论是精彩纷呈的电影银幕、权威的主流媒体、小巧的手机电视，还是体现个性的网络流影片，观众需要越来越多的优秀作品，而这个行业需要越来越多兼具创意与技术的人才投身其中。

EDIUS 6.5 视音频编辑软件专为广播电视及后期制作环境而设计，支持当前所有的标清和高清格式的实时编辑，是新格式、无带化节目和网络编辑的完美选择。EDIUS 最大的特征就是流畅的编辑操作和广泛的格式支持。EDIUS 卓越的实时性能会使编辑工作事半功倍，甚至在为时间线上的多层高清素材添加绚丽特效或转场后，也无需渲染即可直接查看最终画面效果，一切都是"所见即所得"。我们独创的编解码引擎可以支持广播级标准格式和各种流行的视频格式，甚至可以在同一个时间线中轻松处理不同类型、不同大小的素材。

正是凭借着领先的编解码技术、多格式支持以及无与伦比的速度，EDIUS 正迅速在数字媒体和专业视频制作行业的广大编辑者群体中成为主流解决方案之一，为广大专业后期制作者和电视人提供了自由编辑和自由创意的空间。

今天，EDIUS 正在被越来越多的广播电视机构和专业制作公司所采用，有经验有创意的EDIUS 编辑人员是不可或缺的专业人才。在实际应用中，越来越多的用户希望手头能够拥有完整实用的 EDIUS 6.5 参考资料。本书正是应这样的要求而由专业人员编写，使用通俗易懂的语言，由浅入深，循序渐进，适合初学者学习，而且对有一定基础的朋友也大有裨益。

祝愿所有有志于视频编辑创意的专业人士及爱好者与草谷公司一起共同发展，让 EDIUS 成为您得心应手的创意工具。

宋慧桐

草谷中国总经理

推荐序二

　　仰望星空，透明的时光故事就像一幅幅的电影海报，伴随着一个个著名的影视片段，飘逸、舒缓地在我们面前渐次展开。

　　随着文化创意产业以及新媒体经济在全球的迅速发展，多屏互动与数字影像技术乘势而起、裂变式地发展着。科幻电影、影视产业园等新的主题在近期吸引了更多人的注意力和产业的投资，而影视特效等数字影像技术也被大量地采用和强力地推动着。

　　数字影像已经成为我们生活的一部分——我们不仅是它的内容主体，我们也更多地成为创作者，人们之间的交流也更多地使用移动互联网以影像的方式进行着。每个人都成为"拍客"，也成为了数字影像生活的见证者、传播者与分享者。

　　很高兴在这里为大家推荐"三拍客"（www.sanpaike.com）图书系列中最新的一本《EDIUS 6.5快刀手高效剪辑技法》，这也是"三拍客"一直在"行动"中"思索"和"发现"的结果。本书依然由三位作者组合成团队而创作，适合数字视频编辑的初学者入门掌握，还可以作为高等院校和职业院校的师生学习数字视频编辑的辅助教程。

　　学以致用，乐在其中。让我们秉承康智达公司（www.constant.com.cn）一直以来倡导的"用科技彰显个性，以艺术表达思想"的精神，在数字影像的时代，以"拍客"的姿态，看见自己、发现世界。

贡庆庆

中国数字媒体产学研联盟创建人之一

北京市高教学会动漫游教育研究分会秘书长

北京图像图形学学会理事

北京数字科普协会常务理事

康智达数字技术（北京）有限公司总经理

前言

EDIUS 是全球著名的视频编辑软件之一，使用它可以编辑和制作电影、电视剧、短片、广告片、电视栏目、字幕、网络视频和电子像册等，另外还可以编辑音频内容。随着计算机硬件的不断升级，以及软件系统的不断完善，EDIUS 强大的功能和易用性已经博得了全球众多用户的青睐。现在，国内的影视业已进入一个黄金时期，涌现出很多优秀的电影和电视剧，其中的很多作品都是使用 EDIUS 进行后期编辑的。另外，随着网络的发展和普及，很多制作网页和在线内容的互联网从业者也在使用 EDIUS 进行设计。

在 EDIUS 中，我们可以很方便地处理视频和音频内容，可以很容易地移动、缩放、拼接、裁剪它们，所需要的调整或者编辑工具都可以在 EDIUS 中找到。另外，我们还可以在 EDIUS 中处理位图图形，并实时地转换它们。因此，使用 EDIUS 可以极大地提高我们的工作效率。

本书共分为 14 章，在内容介绍上由浅入深、结构清晰，并配有相应的实用案例，适合初级和中级读者阅读和使用。全书重点突出，脉络清楚，能够帮助读者快速学习并掌握 EDIUS。

系统要求

下面介绍一下使用 EDIUS 的系统要求。

- 操作系统：Windows 7、Windows 8 及以上版本。
- 处理器：英特尔双核或者 AMD 双核及以上处理器。
- 内存：4GB 及以上内存。
- 硬盘：40GB 以上的可用硬盘空间，越大越好，以便容纳更多的素材文件。

本书作者

参加本书编写的基本上都是一线的视频制作人员和技术支持人员。全书由郭圣路统筹，除了封面署名之外，参加编写的人员还有尚恒勇、袁海军、杨红霞、张新军、吴战、张兴贞、王广兴、苗玉敏、张荣圣、白慧双、张砚辉、王德柱、仝红新、杨少永、韩德成和宋怀营等。

虽然本书作者有着多年的 EDIUS 使用经验，但是书中难免有一些不妥之处，还望广大读者朋友和同行批评指正。

三拍客 编著

2013 年 12 月

目 录

第4章　"有米之炊"——采集与管理素材

第14章 《美丽中国》片头特效制作

第1章

非线性编辑基础

在学习 EDIUS 之前，需要了解一些与 EDIUS 相关的基础知识，主要包括两方面内容，一方面是影视制作，另一方面是非线性编辑。了解这两方面的知识对于学习 EDIUS 是非常有帮助的。

本章主要介绍以下内容：

➤ 数字视频

➤ 视频和音频资料的获取

➤ 线性编辑与非线性编辑

➤ 使用 EDIUS 时常用的影视术语简介

➤ EDIUS 简介

1.1 数字视频概述

所谓视频，也就是人们常说的影片或者是动画，它是由一系列单独的静止帧（也就是图像）组成的，它的单位是帧，也有人称其为格。利用人眼的"视觉暂留"现象，播放设备或者播放程序时使用每秒钟连续播放多帧（例如 25 帧或 30 帧）的静止图像,在观众眼中就产生了连续的影像，如图 1-1 所示。通常每秒播放的帧数要高于 20 帧，这是因为播放低于 15 帧 / 秒的画面在我们眼里就会产生停顿感，从而难以形成流畅的活动影像。

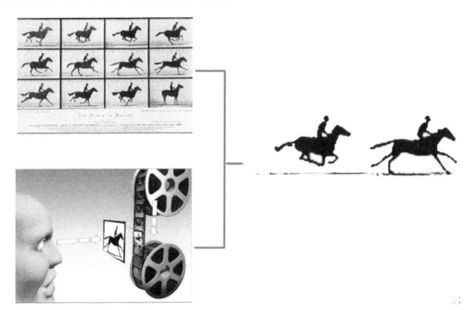

图 1-1　电影中的帧就是单个的影像，经过连续播放即可看到动态的影像

视频又分为两类，分别是模拟视频和数字视频。模拟视频即指由连接的模拟信号组成的视频图像，它的存储介质是磁带或录像带，在编辑或转录过程中画面质量会降低；而数字视频是把模拟信号变为数字信号，它描绘的是图像中的单个像素，可以直接存储在电脑硬盘中，因为保存的是数字的像素信息而非模拟的视频信号，所以在编辑过程中可以最大限度地保证画面的质量。在非线性编辑系统中，例如在 EDIUS 中，编辑的素材就属于数字视频。

不同的国家根据国内行业的实际情况规定了视频播放的行业标准，例如在中国是 25 帧 / 秒，而在美国则是 30 帧 / 秒，这就涉及到下面介绍的电视制式。

在世界上，电视系统是采用电子学的方法来传送和显示活动视频或静止图像的设备。在电视系统中，视频信号是联接系统中各部分的纽带，它的标准和要求也就是系统各部分的技术目标和要求。

可以这样理解电视制式，它就是电视信号的标准，不同的国家有不同的标准。它的区分主要在帧频、分辨率、信号带宽以及载频、色彩空间的转换关系上。不同制式的电视机只能接收和处理相应制式的电视信号，但现在也出现了多制式或全制式的电视机，为处理不同制式的电视信号提供了极大的方便。全制式电视机可以在各个国家的不同地区使用。目前，全世界有三种彩色制式，分别是 PAL 制式、NTSC 制式和 SECAM 制式。我国采用的是 PAL 制式，美国采用的是 NTSC 制式，法国则采用的是 SECAM 制式。如果你将来有机会在这些国家工作的话，就需要区分这些制式了。

不同的电视制式各有其优点和缺点。NTSC 制式和 PAL 制式都属于同时制,其优点是兼容性好、占用频带比较窄、彩色图像的质量较好，但是其设备较为复杂，亮度信号和色度信号之间相互干扰较大，因此色彩不是很稳定。而 SECAM 制式在亮度信号和色度信号之间相互干扰不大，但在正常传输条件下，SECAM 制式不如其他两种制式。

1.2 视频的采集、格式和标准

编辑视频时，需要先把摄像机拍摄的素材采集到编辑系统中，这一过程通常称为采集。

1. 采集视频

采集素材时，通常有以下三种来源。

（1）使用录像机、手机或者其他拍摄设备拍摄的素材，然后将素材采集到计算机中。以前多借助于视频采集卡将拍摄的视频采集到计算机硬盘中，现在使用的磁盘式摄像机或者支持拍摄功能的手机就可以将这些素材直接复制到计算机磁盘中。

（2）使用计算机生成的动画。例如，使用 3ds Max 或者 Maya 制作的三维动画，或者使用 Flash 制作的 Flash 动画等。

（3）使用静态图形文件序列组合而成的视频文件序列。

在采集使用胶片摄像机拍摄的素材时，通常借助于采集卡和连接线进行采集。在这种情况下，需要在计算机上安装视频采集卡。根据不同的应用环境和不同的技术指标，目前可供选择的视频采集卡有很多种不同的规格，读者可以根据自己的要求进行选购，然后连接在一起就可以了。图 1-2 所示是采集视频设备的连接示意图。如果使用的是磁盘式摄像机，那么直接复制素材即可。

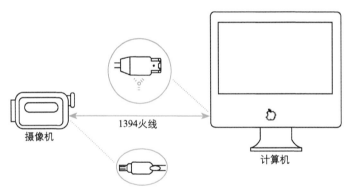

图 1-2　使用计算机和摄像机进行视频采集

提示

采集视频时，也会同时采集音频。

2. 视频的质量

在采集视频和音频时，它们的质量具有不同的等级。根据质量的不同，通常把视频划分为 5 种等级，把音频划分为 4 种等级。

（1）视频质量等级

视频的质量一般来说可分为如下 5 个等级。

① VCR 质量等级。VCR 指的录像机，通常是指使用摄像机拍摄的视频。

② 视频会议质量等级。这种质量又称为低速电视会议质量等级。

③ 演播质量数字电视等级。兼容性比较大。

④ 广播级质量等级。它是向常规电视演播服务中加入数字技术而形成的视频质量等级。

⑤ 高清晰度电视等级。指达到高清晰度电视质量的视频等级。

（2）声音质量等级

声音质量分为以下 4 种等级。

① AM（幅频——Amplitude Modulation）质量：幅度调制质量。

② FM（调频——Frequency Modulation）质量：频率调制质量。

③ 数字电话质量：这种声音质量的声音频带较窄，效果较差。

④ CD 质量：就是常说的超级高保真质量，它的声音频带最宽，是声音质量的最高等级。

1.3 视频的色彩空间和色彩深度

和常见的平面图像一样，视频也有颜色的深浅、浓淡、明暗之分。用专业术语解释就是不同的视频也具有不同的色彩空间和色彩深度。

1. 视频的色彩空间

视频的色彩空间是为了在不同的应用场合中方便地描述视频的色彩。数字图像的生成、存储、处理和显示对应不同的色彩空间，需要做不同的处理和转换。色彩空间主要有以下 4 种。

（1）RGB 色彩空间。通常显示器和电视机都采用 RGB 的色彩原理，它是使用不同的电子束使附着在屏幕内侧的红、绿、蓝色荧光材料反射出不同的色彩。根据电子束强度的不同使色彩中的红绿蓝分量不同，从而形成不同的颜色。

（2）CMYK 色彩空间。CMYK 是一种色彩印刷模式，即一种打印输出的色彩空间，在视频中也可以使用这种色彩空间。

（3）HSI 色彩空间。在这种颜色空间中，使用的是色调（Hue）、色饱和度（Saturation 或 Chroma）和亮度（Intensity 或 Brightness）来表达色彩。

（4）YUV（Lab）色彩空间。在彩色电视系统中，通常采用三管彩色摄像机或彩色 CCD 摄像机，它是把得到的彩色图像信号经过分色分别放大校正得到 RGB，再经过变换得到亮度信号 Y 和两个色差信号 R-Y 和 B-Y，最后发送端将亮度和色差三个信号分别进行编码并用同一信道发送出去，这就是常用的 YUV 色彩空间。

2. 视频的色彩深度

图片的基本构成单位是像素，数字化后的视频的基本构成单位也是像素。而色彩深度是指存储每个像素所需要的位数。它决定了图像色彩和灰度的丰富程度，即决定了每个像素可能具有的染色数或灰度级数。常见的色彩深度有以下几种。

（1）真彩色。在组成一幅彩色图像的每个像素值中，有 R、G、B 三个基色分量，每个基色分量直接决定其基色的强度。这样合成产生的色彩就是真实的原始图像的色彩。所谓 32 位彩色，就是在 24 位之外还有一个 8 位的 Alpha 通道，表示每个像素的透明度等级。

（2）增强色。用 16 位来表示一种颜色，它包含的色彩远多于人眼所分辨的数量，共能表示 65536 种不同的颜色。因此大多数操作系统都采用 16 位增强色选项。

（3）索引色。用 8 位来表示一种颜色，其图像的每个像素值不分 R、G、B 分量，而是把它作为索引进行色彩变幻，系统会根据每个像素的 8 位数值去查找颜色。8 位索引色能表示 256 种颜色。

（4）调配色。每个像素值的 RGB 分量作为单独的索引值分别进行变换，并通过相应的彩色变换表查找出基色强度，用这种变换后得到的 RGB 强度值所产生的色彩就叫作调配色。

1.4 线性编辑与非线性编辑

随着科技的不断发展，视频编辑也已经从早期的模拟视频的线性编辑进入到了数字视频的非线性编辑。

1. 线性编辑

所谓线性编辑，就是让录像机通过机械运动使磁头模拟视频信号顺序记录在磁带上，编辑人员通过放像机选择一段合适的素材，并把它记录到录像机中的磁带上，再寻找下一个镜头，接着进行记录工作。这种编辑方式操作起来非常麻烦，而且存在很多缺陷，现在已经不再使用。在早先的传统电视节目制作中，都是采用这种编辑方式。

2. 非线性编辑

非线性编辑是相对于线性编辑而言的。它是利用以计算机为载体的数字技术设备完成传统制作工艺中需要十几套机器才能完成的影视后期编辑合成以及其他特技的制作，由于原始素材被数字化存储在计算机硬盘上，信息存储的位置是并列平行的，与原始素材输入到计算机时的先后顺序无关。这样，便可以对存储在硬盘上的数字化音频素材进行随意的排列组合，并可以在完成编辑后方便快捷地随意修改而不损害图像质量。图 1-3 是一幅非线性编辑的图示，可以在不同的视频轨道上添加或者插入其他的视频剪辑或者音频剪辑。

图 1-3 在 EDIUS 的 Timeline 窗口中可以随意插入剪辑片段

由于计算机硬盘能满足任意数量画面的随机读取和存储并能保证画面信息不受损失，这样就实现了视频、音频编辑的非线性编辑。非线性编辑系统的进步还在于它的硬件高度集成和小型化。现在只使用一台计算机就能完成所有的编辑工作，并将编辑好的项目进行各种输出。能够编辑数字视频数据的软件称为非线性编辑软件，如 EDIUS 就是一款理想的非线性编辑软件。

1.5 常用视频术语简介

大家都知道，在每一个行业中都有自己的术语，在 EDIUS 中制作视频或者影片时也使用一些专业的术语。了解视频编辑中的一些专业术语，才能更好地从事视频编辑工作。下面将简单地介绍一些常见的术语。

1. 帧

帧是电影或者视频中的基本构成单元，也有人把一帧称为一格或一幅画面。实际上电影就是根据"视觉暂留"原理制作的，通过把多幅连续的图片进行快速地播放就会形成一段视频动画，如图 1-4 所示。

图 1-4　帧是视频中的单个图像，连续播放即可产生动态的影像效果

2．帧长宽比

就像是现在的电视机屏幕的长度和宽度比，帧长宽比就是一个帧的宽度与高度的比。

3．帧大小

在 EDIUS 中，需要在"Timeline"面板内为播放视频指定一个帧的大小，如有必要，可以为输出视频设置一个文件。帧的大小单位用像素来表示，例如 640 像素 ×480 像素。在数字视频编辑中，帧大小也涉及到了分辨率。通常，较高的分辨率可以保持图像的细节并要求更多的内存（RAM）和硬盘空间来编辑。当增加帧尺寸时，EDIUS 会将增加的像素数量处理和储存在每一个帧内，所以了解最后的视频格式需要多大的分辨率是很重要的。

4．片段

所谓片段（也有人称之为剪辑）就是影视项目中的一部分原始素材。它们可以是一段动画、一段电影、一幅图像或者一段音频文件。对于视频文件而言，就是视频片段。对于声音文件而言，就是音频片段。也有人把片段称为素材或者原素材。

5．片段序列

片段序列是由多个片段组合而成的复合片段，一个片段序列可以是一整部视频内容，也可以是其中的一部分。

6.子片段

可以把多个片段组合成一个很大的片段序列，而人们把构成片段序列的片段称为子片段。

7．时基和帧速率

可以通过指定项目时基确定怎样调节项目内的时间。例如，值为 30 的时基表示每一秒被分成30 单元。出现在编辑上的准确时间取决于指定的时基，因为一个编辑点仅仅只能出现在时间分割处，使用不同的时基可以把时间分割放在不同的位置。而帧速率则能表示时基，例如当使用一个帧速率为 29 帧 / 秒的视频摄影机来拍摄源片段时，摄影机通过记录 1 秒的每 1/29 的一帧来显示动作。

8．交织和非交织视频

在电视或者计算机显示器上的图像是由水平线组成的，并且有多种方法来显示这些线条。大部分的个人计算机使用渐进的扫描（非交织）显示，也就是在下一个帧出现之前所有这一帧上的线都会从上端移动到末端。电视制式例如 NTSC、PAL 和 SECAM 都是交织的，其中每一帧被分割成两个场，一个是上场，另一个是下场。每一个场都包括该帧中的隔行水平线。

9．逐行扫描

显示器或者电视机通过扫描构成图像中的所有水平线，使用的计算机显示器一般都是采用的逐行扫描，因此相对以前的电视机而言，在计算机显示器上观看的图片效果要清晰一些。现在很多品牌的电视机也采用逐行扫描了。

10．隔行扫描

显示器或者电视机通过扫描构成图像中的奇数水平线或者偶数水平线，以前的电视机采用的就是隔行扫描，因此在这些老电视机上观看的图片效果相对于计算机显示器来说不是很清晰。

11．行频／场频／帧频

行频是指每秒扫描多少行；场频是指每秒扫描多少场；帧频是指每秒扫描多少帧。

12．位深

在计算机中，位（bit）是信息存储的最基本的单位。用于介绍物质的位使用得越多，其介绍的细节就越多。位深表示的是像素色彩的 bit 数量，其作用是用来描述一个像素的色彩。位深越高，图像包括的色彩就越多，可以产生更精确的色彩和质量较高的图像。例如，一幅存储 8 位／像素（8位色）的图像可以显示 256 色，一幅 24 位色的图像可以显示大约 16 百万色。

数字视频压缩

13．压缩

用于重组或删除数据以减小视频文件的尺寸。如需要压缩影像，可以在 EDIUS 中编译时压缩影片。压缩又分为暂时压缩、无损压缩和有损压缩。

> **注意**
>
> 对于初学者而言，不要被上面这些术语所吓倒或者迷惑。在掌握了EDIUS的基本操作之后，返回来再看一下这些内容就会感觉它们很简单了。建议读者多阅读一些有关影视和DV制作方面的书籍，以便了解更多专业的知识。

1.6 EDIUS 简介

EDIUS 是一款非常优秀的视频编辑软件，可用于编辑加工影片、DV、声音、动画、静态图片等素材，并按要求生成需要的电影文件或者视频文件。

EDIUS 软件性能卓越、应用前景广泛，而且操作简便、兼容性好，受到很多视频编辑专业人员的青睐。因此它被应用于很多的领域，包括影视制作、商业广告、DV 编辑和网络动画等，如图 1-5 ～图 1-9 所示，就展示了 EDIUS 在部分领域中的实际应用。

图 1-5　影视制作

图 1-6　广告制作　　　　　　　　　　　　　　　　图 1-7　片头包装

图 1-8　字幕制作　　　　　　　　　　　　　　　　图 1-9　DV 编辑

另外，EDIUS 在其他领域也有应用，例如合成影像与声音、编辑音乐等，在此不再一一介绍。

1.7　EDIUS 6.5 的新增功能

EDIUS 6.5 作为高效的视频生产全程解决方案，除了继承上一版本 EDIUS 的所有特性之外，还有了更进一步的改进，其功能更加强大，可以帮助视频编辑人员大幅提高工作效率。

下面简单地介绍一下这些新增功能。

1．在导入和导出方面的改进

（1）支持导入 10 bits 的 QuickTime 和 Grass Valley HQX MOV，并支持输出 10bits 的无压缩 (v210) AVI。要输入 / 输出 10bits 的文件，那么在"工程设置"中把"视频量化比特率"设置为 10bit。

（2）在导出 Grass Valley HQX AVI、Grass Valley HQ AVI、DV AVI、DVCPRO50 AVI、DVCPRO HD AVI、Grass Valley Lossless AVI、无压缩 RGB AVI、无压缩 YUY2 AVI 和无压缩 UYVY AVI 时，可以使用 32bits 浮点的音频。

（3）在导出 Grass Valley HQ、Grass Valley HQX 和无压缩 RGBA AVI 时，支持保持 Alpha 通道信息。

（4）新增下列格式的导入。

• Flash Video (*.f4v)

- ICO Decoder (*.ico, *.icon)

- JPEG (*.ico, *.icon)

- Multi-Picture format file (*.mpo)

- WMPhoto Decoder (*.wdp)

（5）支持导入兼容 WIC 编码的静帧文件。

（6）支持导入 RED 原码格式，设置其回放时的质量。

（7）支持添加 MXF 和 K2 素材辅助信息的旁通功能（仅使用 STORM 3G ELITE 或者 STORM 3G 时支持回放和采集）。

（8）支持添加 K2 素材音频比特流的旁通功能。

（9）通过源素材浏览导入素材时，可以设置文件传输目的地。

（10）新增导出下列文件格式。

- Uncompressed (RGBA) AVI (*.avi)

- Uncompressed (v210) AVI (*.avi)

- Flash Video (*.f4v)

- HQ MXF (*.mxf)

- HQX MXF (*.mxf)

- 3D P2 导出格式

- Panasonic 3DA1 导出格式

- DCF thumbnail files (*.thm)

（11）支持为 Flash 导出 F4V 格式。

（12）支持批量导出静帧文件。添加到原有 6.0 版本的批量导出中。

（13）支持导入 K2 代理素材。

（14）支持导入 / 导出 Grass Valley HQ Codec/Grass Valley HQX 编码的 QuickTime 文件 (*.mov)。

（15）为光盘刻录工具新增下列功能。

- 支持导出 MPEG 2 编码的蓝光光盘。

- 支持导出 50p 和 60p。

2．在设置方面的改进

（1）在时间线上支持显示素材的所有缩略图。

（2）在播放窗口回放素材时，将其添加至时间线，播放窗口回放不停止。

（3）当设备无法兼容在当前工程设置下显示视频时，隐藏提示信息。

（4）以黑白信息显示视频的 Alpha 通道。

3．在编辑方面的改进

（1）在素材库转换文件时可以选择 "Grass Valley HQX Online Quality"、"Grass Valley HQX

Offline Quality"、"Grass Valley HQX High Quality SD downconvert"和"Grass Valley HQX Low bitrate SD downconvert"。

（2）新增文件预卷功能。

（3）添加时间线指针链接功能，允许同步时间线和播放窗口的指针位置或者入出点位置。

（4）在视频布局工具中新增了多个功能。例如制作视频位移时，可以指定重采样方式，可以垂直移动路径和轴心点，可以为视频添加边缘和投射阴影等。

（5）删除了素材库或者源素材浏览窗口中的"扩展信息"。在元数据视图中查看素材信息。

4．在立体编辑方面新增加的功能

（1）新增立体编辑模式。

（2）新增立体预览模式，例如左右并列、红青互补色等。

（3）支持采集立体素材。

（4）可以分别为左右眼添加特效。

（5）分别控制左右眼视频的位置差异。

（6）导出立体视频到文件、磁带和光盘等。

5．在特效方面的改进

（1）支持 Alpha 通道的滤镜。

（2）支持 10bits 滤镜。

（3）可以通过快捷键添加关键帧，添加默认参数的关键帧，支持一次性清除某参数的所有关键帧等。

（4）为手绘遮罩工具添加了滤镜效果的强度调节，可以在预览窗口双击添加关键帧，可以垂直移动方式选择路径和轴心点。

（5）去除了画中画和 3D 画中画滤镜，使用视频布局完成相同的功能。

（6）设置淡入淡出的方式更改。

（7）修改了 2D 转场的设置窗口。

（8）新增加了稳定器滤镜。通过画面分析，修正摄像机抖动。

6．在音频方面的改进

（1）更改了"工程设置"中的某些选项。

（2）将"用户设置"中的"全屏幕预览"改为了"预览"。

7．Quick Titler 的改进

（1）更改了导出静帧时的一些操作。要导出"入点"和"出点"之间所有帧，可以使用"静帧"导出器。

（2）去除了光盘刻录"样式"中某些选项。

EDIUS 中的这些新的改进和新增功能使我们操作起来更加顺手，从而能极大地提高编辑人员的工作效率。

提示

与QQ或者其他游戏软件一样，在使用EDIUS之前，用户需要把它安装到自己的计算机上才能使用。可以使用安装光盘安装，也可以在网上下载该软件的安装程序之后再进行安装。安装操作很简单，不再赘述。

1.8 EDIUS 中常用文件格式简介

在 EDIUS 中可使用很多格式的视频、图片和音频文件。注意，有些文件格式是不被 EDIUS 支持的。文件格式就是指计算机为了存储信息而使用的对信息的特殊编码方式，是用于识别内部储存的资料。比如有的用于储存图片，有的用于储存视频，还有则是用于储存文字信息。每一类信息，都可以一种或多种文件格式保存在电脑中。每一种文件格式通常会有一种或多种扩展名可以用来识别，但也可能没有扩展名。扩展名可以帮助应用程序识别文件格式，像视频文件格式的扩展名有 avi 和 mov，音频文件格式的扩展名有 mp3 和 wav 等，图像文件格式的扩展名有 JPG、GIF、Tiff 等。

例如，JPEG 是图像格式的扩展名，通过查看其扩展名就可以确定该文件的属性。不同文件格式的使用也略有不同。常见的 JPEG 文件，它几乎不同于当前其他的数字压缩方法，它无法重建原始图像。JPEG 利用 RGB 到 YUV 色彩的变换来存储颜色变化的信息，特别是亮度的变化，因为人眼对亮度的变化非常敏感。只要重建后的图像在亮度上有类似原图的变化，对于人眼来说，它看上去将非常类似于原图，因为它只是丢失了那些不会引人注目的部分。JPEG 优异的品质和杰出的表现，使得它的应用也非常广泛，特别是在网络和光盘读物上。目前各类浏览器均支持JPEG这种图像格式，因为 JPEG 格式的文件尺寸较小、下载速度快，所以使得网页有可能以较短的下载时间提供大量美观的图像。因此目前 JPEG 也成为网络上最受欢迎的图像格式。

常用的视频格式包括：AVI 文件格式、MOV 文件格式、DV 文件格式、Windows Media 文件格式、DPX、FLV（F4V）、MXF 和 H.264、Grass Valley HQ Codec/Grass Valley HQX 编码的 QuickTime 文件等。

常用的图像格式包括：JPEG、BMP、PSD、FLM、EPS、TIF（或者 TIFF）、PNG、AI 等格式。

常用的音频格式包括：MP3 格式、MAV 格式、WMA 格式、AIF 文件格式和 SDI 文件格式。

1.9 影视制作的流程

另外，还需要了解影片后期制作的基本工作流程，以方便使用 EDIUS 进行项目制作。大家都知道，EDIUS 的主要应用就是进行影片的后期制作。电视节目和电影的后期制作也基本类似，只是由于技术的进步，现在电视节目的制作进程相对更快。

一般情况下，后期制作是把原始素材编织成影视节目所必需的全部工作。它包括了以下 4 大步骤，如图 1-10 所示。

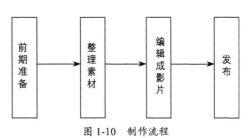

图 1-10　制作流程

下面是更为详细的制作流程，如图 1-11 所示。

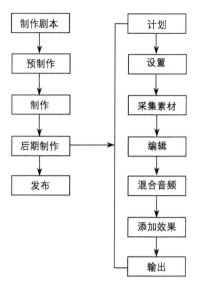

图 1-11　更详细的制作流程

（1）前期准备或预制作。在该过程中，包括编写剧本、绘制故事板以及为影片制作拍摄计划等。导演通常使用故事板进行指导，故事板是故事发展进程的简略图和规划图，如图 1-12 所示。

图 1-12　故事板

（2）整理素材。素材指的是通过各种手段得到的未经过编辑的视频和音频文件。制作影片时，需要先把拍摄到的素材（包含声音和画面）输入计算机，也有人把这一过程称为"数字化媒体"。

（3）把素材编辑成节目。输入素材后，需要按照导演和影片的剧情进行组接，要选准编辑点。通常是在 EDIUS 的时间线面板中进行的，一般都需要将素材进行精准的衔接。

另外还需要在节目中添加标题字幕和图形，在 EDIUS 中也可以添加字幕或者字幕图形等，但是仅限于二维图形。另外还需要添加音频，甚至可以为音频添加音频特效。

（4）输出。输出也称为发布影片，也就是根据需要把编辑或者合成好的影片输出到磁带、光盘或者其他存储设备中。

 提示

关于更加详细的编辑过程，则需要阅读本书后面的内容了。

第 2 章

不可不知的工作界面、面板和命令

　　学习任何一款软件，首先要了解该软件的启动和预设、工作界面、各个面板的作用，以及菜单命令的使用等。EDIUS 也不例外，我们只有熟悉了这些，工作起来才可能得心应手。

本章主要介绍以下内容：

> ➤ 认识 EDIUS 的工作界面

> ➤ EDIUS 中的面板及窗口

> ➤ EDIUS 的菜单命令

> ➤ EDIUS 的工具栏

2.1 启动并预设 EDIUS

要了解 EDIUS 的工作界面、面板和命令等，首先要启动 EDIUS，才能进入其工作界面。注意首次启动 EDIUS 时，需要新建一个工程文件（在其他软件中一般称之为项目文件）。

（1）双击 EDIUS 快捷图标或使用"开始→所有程序→ Grass Valley → EDIUS"菜单来启动 EDIUS。首次启动 EDIUS 时，会打开一个对话框，如图 2-1 所示。一般应将工程保存在未安装操作系统的硬盘分区中。

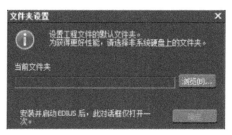

图 2-1 "文件夹设置"对话框

（2）单击"浏览"按钮可指定工程文件的保存位置。

（3）单击"确定"按钮，打开"初始化工程"对话框，如图 2-2 所示。

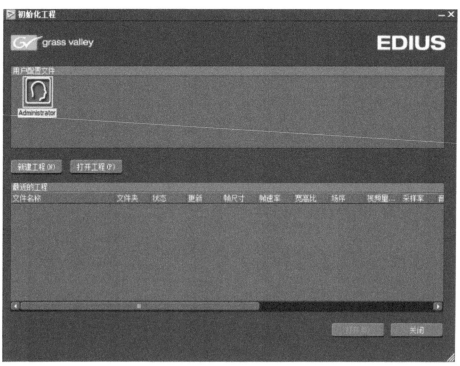

图 2-2 "初始化工程"对话框

（4）在"初始化工程"对话框中有一个默认的用户配置文件。单击"新建工程"按钮，打开"工程设置"对话框，如图 2-3 所示。

（5）输入工程名称。在"预设列表"中有一个默认的工程预设，并显示了该预设的帧尺寸、帧速率、渲染格式等信息。

图 2-3 "工程设置"对话框

（6）如果不想使用默认的工程预设，可以勾选"自定义"复选框，单击"确定"按钮，然后在打开的对话框中根据需要进行工程预设，如图 2-4 所示。

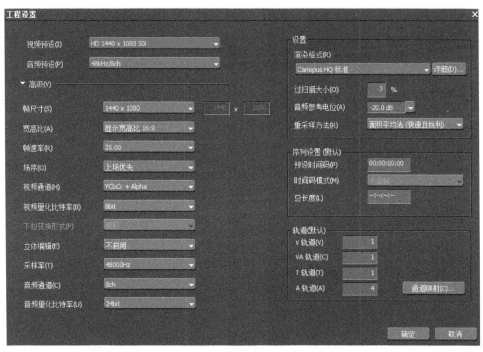

图 2-4 自定义工程预设

（7）根据需要设置声道的个数，一般情况下不需要 8 个声道，因此将"音频预设"设置为48Hz/2ch，将渲染格式设置为"Canopus HQ 标准"。

（8）以上设置完成后，单击"确定"按钮即可进入到 EDIUS 的工作界面了。

2.2 认识 EDIUS 的工作界面

要了解 EDIUS 强大的编辑功能，首先要从认识它的工作界面开始，认识其工作界面的组成及其各个组成部分的功能。

　　双击 EDIUS 快捷图标或使用"开始→所有程序→ Grass Valley → EDIUS"菜单来打开 EDIUS 主程序。进行工程设置后，就可以正式进入 EDIUS 的工作界面了。默认设置下，EDIUS 的工作界面主要由"播放窗口"、"素材库"、"时间线"以及"信息"面板等组成，如图 2-5 所示。

图 2-5　工作界面的组成

　　EDIUS 的各个窗口、面板可以自由组合、打开、关闭、移动、缩放等，这些都体现了 EDIUS 工作界面的灵活性和随意性。

2.2.1　"播放（录制）"窗口

　　EDIUS 菜单栏下面的窗口就是"播放（录制）"窗口。默认设置下显示为单窗口模式，可以在窗口右上角单击 PLR 或 REC 切换窗口的显示方式，如图 2-6 所示。

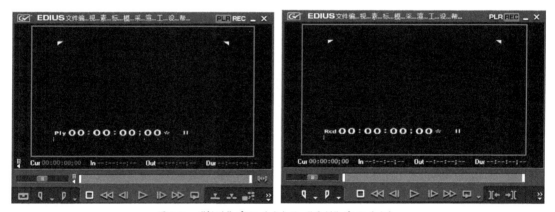

图 2-6　"播放"窗口（左）和"录制"窗口（右）

　　也可以选择"视图→双窗口模式"命令，将单窗口模式切换为双窗口模式，即"播放"窗口和"录制"窗口同时打开，左侧为"播放"窗口，右侧为"录制"窗口，如图 2-7 所示。

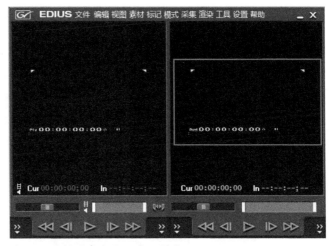

图 2-7　选择的命令和双窗口模式

"播放"窗口用来采集或单独显示选定的素材。"录制"窗口用来播放时间线上的内容，而时间线上的内容也就是最终要输出的内容。

2.2.2 "素材库"面板

在"播放（录制）"窗口右侧显示的就是"素材库"窗口。可以使用快捷键 B 或使用时间线工具栏中的"切换素材库显示"项来打开或关闭素材库，如图 2-8 所示。

使用"素材库"工具栏中的"添加素材"工具 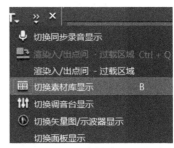即可向素材库中添加素材，如图 2-9 所示。

图 2-8　"切换素材库显示"选项

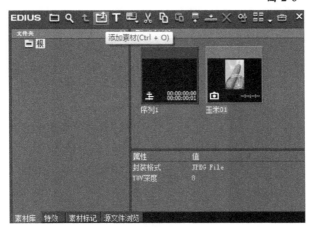

图 2-9　向素材库中添加素材

素材库用于管理剪辑中所用到的素材，在这里可以载入视频、音频、字幕、序列等所有需要的素材，并创建不同的文件夹来分别管理这些素材。可以把素材库看作是存放我们所需"原材料"的仓库。

在素材库底部，通过单击"特效"、"素材标记"、"源文件浏览"标签，可以切换到相应的面板。

1."特效"面板

在素材库底部单击"特效"标签或使用快捷键 E，打开"特效"面板，如图 2-10 所示。也可以使用时间线工具栏中的"切换面板显示"选项切换到该面板。

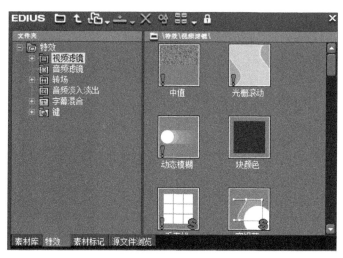

图 2-10 "特效"面板

EDIUS 的"特效"面板中包括"视频滤镜"、"音频滤镜"、"转场"、"音频淡入淡出"、"字幕混合"、"键" 6 大特效。

"特效"面板有两种显示方式，分别是文件夹视图和树型列表视图。文件夹视图分为两部分，左侧是特效类别的名称列表，右侧是特效视图部分。在特效视图中选中某个特效，即可预览该特效的动画效果。

单击"特效"面板左上角的"隐藏特效视图"按钮 ，将隐藏特效视图，"特效"面板显示为树型列表视图，树型列表视图仅罗列了所有特效的名称，选中某个特效也可预览该特效的动画效果，如图 2-11 所示。

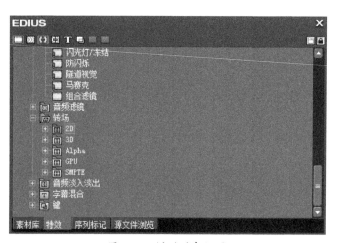

图 2-11 树型列表视图

在树型列表视图右上角单击"显示特效视图"按钮 ，即可将树型列表视图切换到文件夹视图。

2."序列标记"面板

在"素材库"底部单击"序列标记"标签，打开"序列标记"面板，如图 2-12 所示。"序列标记"面板显示用户在时间线上创建的标记信息。除了可以在时间线上做标记以外，还可以标记 DVD 影片中的章节点。使用快捷键 V 可以创建或删除标记。

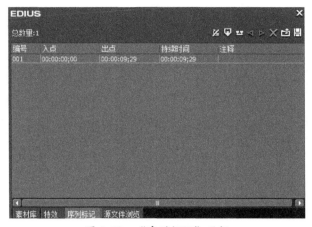
图 2-12 "序列标记"面板

3. "源文件浏览"面板

在"素材库"底部单击"源文件浏览"标签,打开"源文件浏览"面板,如图 2-13 所示。该面板用于采集素材时浏览外接设备或光盘等素材介质中的素材源文件。

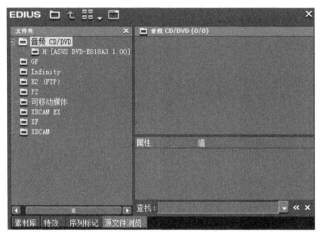
图 2-13 "源文件浏览"面板

2.2.3 "信息"面板

默认设置下,"信息"面板位于时间线的右侧,用于显示时间线中选定素材的信息。比如,"文件名称"、"素材名称"、"编解码器"等,如图 2-14 所示。

可以使用时间线中的"切换面板显示"中的选项来打开或关闭"信息"面板,也可以使用"视图→面板→信息面板"菜单命令打开或关闭"信息"面板。

2.2.4 时间线

EDIUS 工作界面下半部分中的大部分区域被时间线占据。简单地说,后期编辑工作就是将需要的素材放置到时间线中合适的位置。时间线中的每一行都被称作一个轨道,轨道就是用来放置素材的。时间线上方的工具栏中显示了当前工程的名称,并显示了常用的工具快捷图标,如图 2-15 所示。

图 2-14 "信息"面板

图 2-15　时间线

　　轨道区域左侧部分称作轨道面板，在轨道面板中包含了对轨道操作的一系列选项，如图 2-16 所示。

图 2-16　轨道面板部分

1．吸附到事件

　　用于打开或关闭 EDIUS 的自动吸附功能。默认设置下，该功能处于打开状态 ，单击该按钮可以将其关闭 。该功能处于打开状态时，无论是移动素材还是时间线指示器，都能自动吸附到某个事件，比如素材的边界、时间线指示器位置、素材标记等。

　　EDIUS 的自动吸附功能包括多个项，要设置能自动吸附的项，则在菜单栏中选择"设置→用户设置"命令，打开"用户设置"对话框，选择"应用→时间线"选项，然后在"吸附选项"区域中勾选可以自动吸附的选项，如图 2-17 所示。

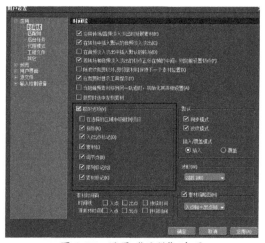

图 2-17　设置"吸附"选项

2．组／链接模式

可以将时间线中的某些素材设置为组，也可以解组，还可以用于分离或组合时间线中的视频和音频。 🔗 表示时间线中的视频和音频是组合在一起的；单击 🔗 按钮后，会显示一道红色的斜线 🔗 ，表示时间线中的视频和音频处于分离状态，可以分别对它们进行操作。

如果要将时间线的同一轨道或不同轨道中的多个素材设置为一个组，则按住 Ctrl 键选中多个目标素材，然后在右键菜单中选择"连接／组→设置组"命令，如图 2-18 所示。

设置组后，移动该组中的某个素材，该组中的所有素材会被一起移动，如图 2-19 所示。需要解组时，在右键菜单中选择"连接／组→解组"命令即可。

图 2-18　设置组

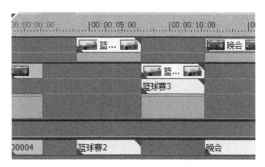

图 2-19　移动组

3．设置波纹模式

用于打开或关闭波纹模式。默认设置下，波纹模式处于开启状态 🔲。当使用剪切或波纹删除操作删除某个素材时，同一轨道上的其他素材都随之前移。同样，当添加或移动某个素材时，其他素材也随之移动。它们就像水中的涟漪一样一个接一个地连在一起，因此被称作波纹模式。

波纹模式只对同一轨道上的各个素材起作用，对其他轨道上的素材没有影响。同时开启波纹模式和同步模式后，对当前素材进行操作才会影响时间线所有轨道上入点在操作点之后的全部素材。

4．切换、插入／覆盖

切换是使用插入或覆盖模式往时间线上添加素材，蓝色箭头 🔲 是插入模式，红色箭头 🔲 是覆盖模式，单击即可切换。无论是从"素材库"还是从"播放"窗口中将素材添加到时间线上，如果在时间线指示器位置处已有素材，则在插入模式下原素材被切断，后面的部分向后移动，如图 2-20 所示。

如果在时间线指示器位置处已有素材，则在覆盖模式下原素材被切断，新添加的素材内容会覆盖原素材内容，如图 2-21 所示。

5．时间线显示比例

用于调整时间线显示比例的大小。在后期编辑过程中，调节时间线的显示比例会很频繁。单击右侧的下拉小三角，会打开显示比例菜单，菜单中提供了许多现成的显示比例，根据需要选择即可，如图 2-22 所示。

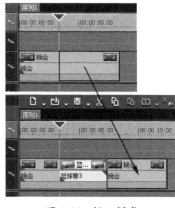

图 2-20　插入模式

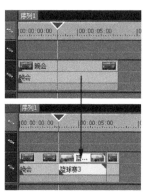

图 2-21　覆盖模式

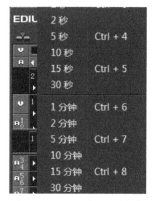

图 2-22　显示的比例菜单

也可以使用 Ctrl 键 + 数字键盘上的 "+" 键或 "－" 键，或者使用 Ctrl 键和鼠标中键（滚轮）来随意调节显示比例的大小。另外，也可以拖动 "时间线显示比例" 按钮顶部的小滑块来调整时间线显示比例。

6．轨道面板中的其他选项

（1）视频静音：单击按钮日，将其关闭，则该轨道上的视频不可见。

（2）音频静音：单击小喇叭按钮，将其关闭，则该轨道上的音频静音。

（3）轨道同步：轨道同步按钮用于打开或关闭轨道同步模式。

（4）轨道名称：在时间线中有以下 4 种类型的轨道。

- 视频轨道（V）：用于放置视频素材或字幕素材。
- 视音频轨道（VA）：用于放置视音频素材或字幕素材。
- 字幕轨道（T）：用于放置字幕素材或视频素材，该轨道上的素材可以使用一种叫作 "字幕混合" 的特殊效果。
- 音频轨道（A）：用于放置视音频素材。

2.3　EDIUS 的菜单命令

EDIUS 的菜单栏位于 "播放（录制）" 窗口的顶部，由于空间的限制，默认设置下菜单名称不能完全显示出来。将鼠标指针放置在窗口右边界上，待指针变为双向箭头时，按住鼠标键向右拖曳，使菜单名称全部显示出来，如图 2-23 所示。

图 2-23　EDIUS 的菜单栏

下面简单介绍一下 EDIUS 的各项菜单命令。

1．菜单

单击该按钮展开其下拉菜单，根据菜单中的选项可以执行最小化 EDIUS 或关闭 EDIUS 的操作等，如图 2-24 所示。

2．"文件" 菜单

在 "文件" 菜单中包含了 "新建"、"保存工程"、"导入工程"、"导

图 2-24　EDIUS 的菜单

出工程"、"优化工程"、"输出"等菜单选项。将鼠标指针移动到含有子菜单的选项上，就会显示出其子菜单选项，这和其他的后期编辑软件基本相同，如图 2-25 所示。

3. "编辑"菜单

"编辑"菜单中包含了一些常用的编辑命令和 EDIUS 中特有的编辑命令，都比较浅显易懂，比如"复制"、"粘贴"、"删除"、"波纹删除"、"删除间隙"、"添加剪切点"等。在一些菜单选项里面包含了功能划分很细的子选项，这就大大提高了 EDIUS 的编辑功能，如图 2-26 所示。

图 2-25 "文件"菜单

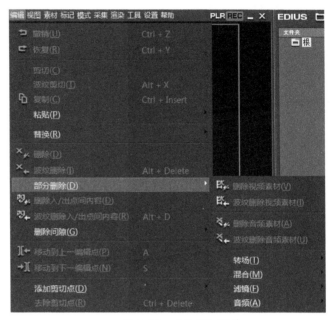

图 2-26 "编辑"菜单

4. "视图"菜单

使用"视图"菜单中的各个命令可以在工作界面中打开或关闭某个窗口或面板。比如，如果在编辑过程中需要打开"调音台"窗口，则选择"视图→调音台"命令即可，如图 2-27 所示。再次选择该命令即可将其关闭，也可以直接单击窗口右上角的关闭按钮将其关闭。

EDIUS 程序的界面是由"浮动窗口"组成的，可以根据需要自由移动、缩放、打开或关闭各个窗口。

5. "素材"菜单

"素材"菜单中包含了关于素材操作的系列命令。比如，"创建素材"、"添加到素材库"、"连接 / 组"等，使用这些命令可以创建素材、向"素材库"中导入素材、将多个素材设置为组及解组等，如图 2-28 所示。

图 2-27 "调音台"窗口

6. "标记"菜单

用于为素材添加标记、编辑标记、清除标记等，还可以设置音频和视频的入点和出点等，如图 2-29 所示。

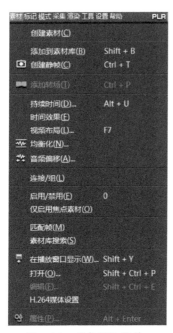

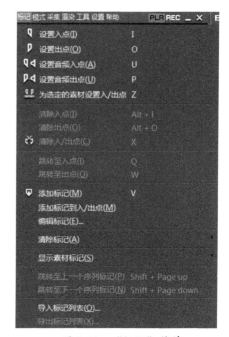

图 2-28 "素材"菜单　　　　　　　　　图 2-29 "标记"菜单

7. "模式"菜单

使用该菜单可以设置剪辑模式、多机位模式、机位数量、同步点和覆盖切点等，如图 2-30 所示。

8. "采集"菜单

如果摄像机视频无法通过简单的复制操作变成计算机上可以编辑的文件，而是需要通过一个特殊的过程将其编码成一个可识别的文件，这个过程就叫作采集。

使用"采集"菜单中的相关选项可以选择采集方式（比如批量采集）、采集类型（比如音频采集）、采集设置等，如图 2-31 所示。

图 2-30 "模式"菜单　　　　　　　　　图 2-31 "采集"菜单

9. "渲染"菜单

该菜单中的命令用于进行渲染项目的选择，比如渲染整个工程还是渲染序列，还有渲染区域的选择，渲染红色区域还是橙色区域等，如图 2-32 所示。

图 2-32　"渲染"菜单

10."工具"菜单

用于选择 EDIUS 中某些特有的工具，比如 MPEG TS Writer（MPEG TS 写入器）。选择"MPEG TS Writer"选项即可打开其窗口，如图 2-33 所示。

图 2-33　"工具"菜单和"MPEG TS Writer"窗口

11."设置"菜单

为了制作方便，用户可以根据自己的实际需要，通过这些选项进行不同的设置。比如，在"系统设置"对话框中勾选"掉帧时停止回放"复选框。这样在回放过程中若出现掉帧情况，系统会自动停止回放，如图 2-34 所示。

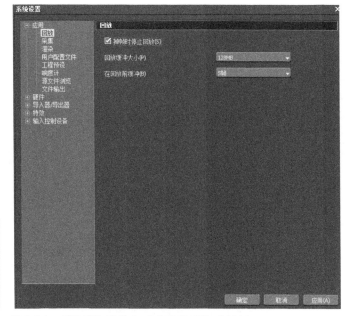

图 2-34　"设置"菜单和"系统设置"对话框

12. "帮助"菜单

使用该菜单中的命令可以查看一些帮助信息。例如，用户注册信息、序列号注册信息和版本信息等，如图 2-35 所示。

图 2-35 "帮助"菜单

2.4 EDIUS 的工具栏

EDIUS 的各个窗口及面板中都包含有各自的工具，比如"素材库"窗口中的"添加素材"工具、"特效"面板中的各种滤镜工具、"时间线"窗口中的"剪切"工具等。当把鼠标指针移动到某个工具图标上时，屏幕上会自动显示该工具的名称。下面简单介绍一下"素材库"窗口和"时间线"窗口中各个工具的使用方法。

2.4.1 "素材库"窗口中的工具

"素材库"窗口的工具栏中主要包括"搜索素材"、"添加素材"、"添加字幕"、"新建素材"等工具，如图 2-36 所示。

图 2-36 "素材库"工具栏

"文件夹" <kbd>□</kbd> 工具：用于切换"素材库"的视图方式，包括文件夹视图和树型结构视图。单击该工具可以在这两者之间来回切换，如图 2-37 所示。

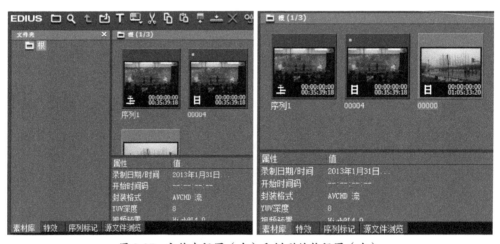

图 2-37 文件夹视图（左）和树型结构视图（右）

"搜索" <kbd>Q</kbd> 工具：用于搜索某些素材，可以按不同的类型搜索需要的素材。例如按素材名称搜索或者按时间码进行搜索等，如图 2-38 所示。

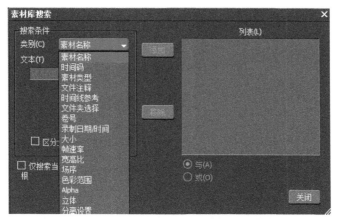

图 2-38 搜索素材

"添加素材"  工具：用于向素材库中添加素材。单击该工具按钮后，将会打开一个窗口，选择需要的素材并进行添加即可。

"添加字幕" **T** 工具：用于创建字幕素材，然后可以将该字幕素材添加到时间线上，从而进一步在最终的视频中显示字幕。

"新建素材" 工具：用于创建彩条素材、色块素材和 Quick Titler 素材（字幕素材），如图 2-39 所示。

"在播放窗口显示" 工具：在"素材库"中选中某个素材，然后单击该工具按钮即可在播放窗口中显示所选素材。

"添加到时间线" 工具：在"素材库"中选中某个素材，然后单击该工具按钮即可将选中的素材添加到时间线中，默认为 1VA 轨道。

"视图" 工具：用于设置素材库中素材的显示方式，在其下拉列表中直接选中即可，如图 2-40 所示。

图 2-39　"新建素材"下拉列表　　　　图 2-40　"视图"下拉列表

2.4.2　"时间线"窗口中的工具

"时间线" 工具栏位于 "时间线" 窗口的顶部，主要包括 "新建序列"、"打开工程"、"剪切"、"添加剪切点" 等工具， 如图 2-41 所示。

"新建序列" 工具：在同一个工程中可以建立多个序列，单击该按钮即可创建一个新序列。单击向下的小三角，然后选择"新建工程"即可新建一个工程。

图 2-41 "时间线"工具栏

"打开工程"  工具：单击该按钮可以打开某个工程，在其下拉列表中还可以进行"导入工程"、"导入序列"等操作，如图 2-42 所示。

"保存工程" 工具：单击该按钮可以保存当前工程，在其下拉列表中还可以进行"优化工程"、"导出工程"、"工程设置"等操作，如图 2-43 所示。

图 2-42 "打开工程"下拉列表

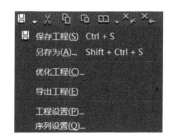

图 2-43 "保存工程"下拉列表

"删除" 工具：在时间线中选中一个或多个素材，单击该按钮即可将选中的素材删除，对其后面的素材没有影响。

"波纹删除" 工具：在时间线中的同一个轨道中选中一个或多个素材，单击该按钮即可将选中的素材删除，其后面的素材会向前移动占据所删除素材的位置，如图 2-44 所示。

"撤销" 工具：对之前的某一步操作不满意或误操作，可以将其撤销，在其下拉列表中可以选择要撤销的项，如图 2-45 所示。

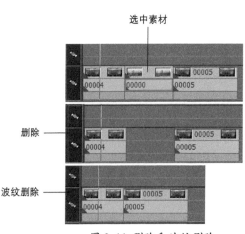

图 2-44 删除和波纹删除

图 2-45 "撤销"下拉列表

"恢复" 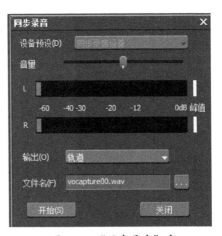工具：与撤销相对，可以恢复之前的某项操作。另外使用"撤销"和"恢复"工具可以快速地查看执行某些操作前后的对比效果。

"添加剪切点" 工具：要在某个位置剪切素材，先将时间线指示器移动到该位置，选定素材，然后单击该按钮即可。在其下拉列表中还可以进行其他的操作，如图 2-46 所示。

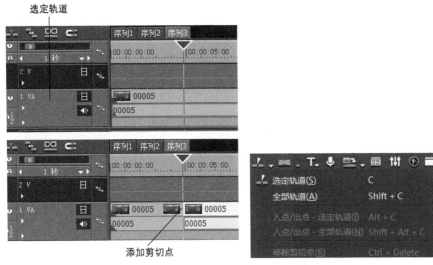

图 2-46 添加剪切点和下拉列表

"创建字幕" 工具：在其下拉列表中选择一个选项，然后根据选择的选项创建需要的字幕，如图 2-47 所示。

"切换同步录音显示" 工具：单击该按钮即可打开"同步录音"窗口，如图 2-48 所示。再次单击该按钮即可关闭"同步录音"窗口。

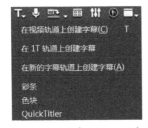

图 2-47 "字幕"下拉列表　　　　　　图 2-48 "同步录音"窗口

第 3 章

应该掌握的基本设置

在熟悉了 EDIUS 的工作界面后，接下来需要了解一些基本的设置，包括系统设置、用户设置、工程设置、文件操作、窗口和面板的基本使用方法、菜单命令及时间线的基本使用等。

本章包含的主要内容如下：

> 文件操作

> 显示控制

> 预览素材

> 撤销与恢复操作

> 时间线操作

3.1 基本设置

通常，在使用 EDIUS 之前，需要根据自己的需要先对 EDIUS 进行一些基本的设置，这样可以将 EDIUS 的功能发挥到最大。

3.1.1 "回放"设置

打开 EDIUS 工作界面后，选择"设置→系统设置"命令，打开"系统设置"对话框，选择"应用→回放"选项，如图 3-1 所示。

图 3-1 "回放"设置

- 若取消勾选"掉帧时停止回放"复选框，则 EDIUS 将在系统负担过大而无法进行实时播放时，会通过掉帧来强行维持播放。当然，如果掉帧过多的话，会严重影响播放的流畅性。

- 将"回放缓冲大小"设为最大（512MB），回放缓冲的值越大，播放时预先能存入内存缓冲区的帧就越多，播放就越流畅。

- 将"在回放前缓冲"的帧数设置为最大（15 帧），这样 EDIUS 会在当前看到的帧画面提前 15 帧做预读处理。

3.1.2 "用户配置文件"设置

打开"系统设置"对话框，选择"应用→用户配置文件"选项，切换到"用户配置文件"设置面板，如图 3-2 所示。

图 3-2 "用户配置文件"面板

单击"新建配置文件"按钮，打开"新建预设"对话框，输入名称。如果要更改配置文件图标，单击"更改图标"按钮，打开"图标选择"对话框，选择一个自己喜欢的图标，如图 3-3 所示。

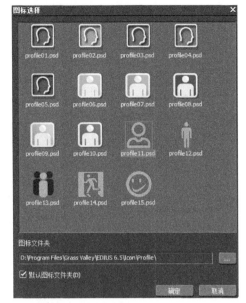

图 3-3 "新建预设"对话框和"图标选择"对话框

单击两次"确定"按钮，新建的配置文件设置成功，如图 3-4 所示。

图 3-4 新建的配置文件设置成功

对于自定义的用户配置文件可以进行复制、删除或更改操作，直接在"用户配置文件"对话框中单击相应的按钮，进行相关的操作即可。

3.1.3 工程预设

EDIUS 中包含了几乎所有广播级的播出视频设置。如果提前设置好一些工程预设，即在一个工程中要用到的视频格式、音频格式、序列设置、轨道设置等，这样在新建一个工程或调整某个工程设置时选择需要的工程预设图标即可，新建工程预设的操作步骤如下。

（1）打开"系统设置"对话框，选择"应用→工程预设"，打开"工程预设"面板，如图 3-5 所示。

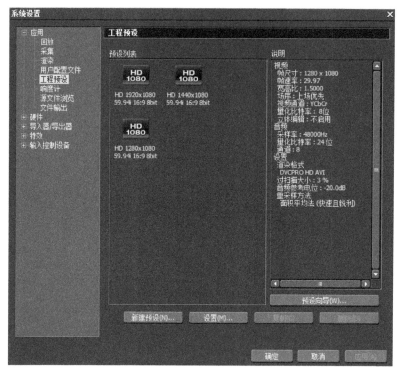

图 3-5　"工程预设"面板

（2）单击"新建预设"按钮，打开"工程设置"对话框，然后设置各个选项，如图 3-6 所示。

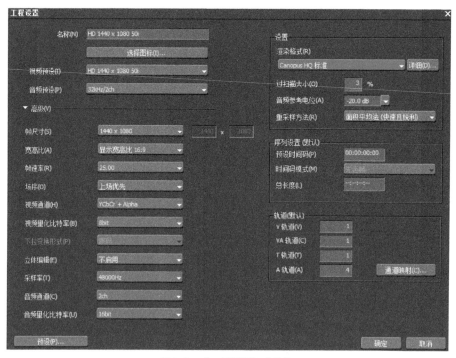

图 3-6　"工程设置"对话框

- 名称：输入工程预设的名称。

- 选择图标：单击该按钮，打开"图标选择"对话框，选择一个工程预设图标，该图标会显示在工程预设列表中。

- 视频预设：在下拉列表中选择想要使用的视频格式，包括 HD（高清）、SD（标清）、PAL、NTSC 等几乎所有的广播级视频预设。其中"i"表示隔行扫描，"p"表示逐行扫描。
- 音频预设：在下拉列表中选择想要使用的音频采样率（KHz）和声道数量（ch）。
- 渲染格式：选择用于渲染的默认编解码器，这里指的是时间线的播放，并不是最终输出。单击后面的"详细"按钮，可进行详细设置。
- 过扫描大小：过扫描的大小可以设置在 0% 到 20% 之间，在使用过扫描的情况下，可以将数值设置为 0%，比如纯粹的计算机视频。
- 音频参考电位：这里设置的值将作为"调音台"中音频参考的"0"分贝位。对于我国的电视播出来说，可以将 −12dB 作为基准音。
- 预设时间码：设置时间线的初始时间码。
- 时间码模式：如果在"视频预设"中选择了 NTSC 的格式，就可以在这里设置时间码模式是"丢帧"或"无丢帧"。
- 总长度：设置时间线的总长度。如果工程超出了该长度，超出限制的时间线部分显示的颜色会改变。
- 轨道：设置各个轨道的数量。
- 通道映射：用于控制声道输出。单击该按钮，打开"音频通道映射"对话框，进行声道设置，如图 3-7 所示。

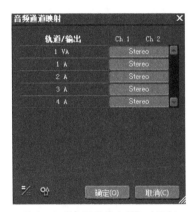

图 3-7 "音频通道映射"对话框

> **注意**
>
> 在没有进行新的设置之前，无论是关闭程序还是新建工程，这里的参数都会一直保持下去。因此，建议在"轨道"中设置通道映射参数。

（3）设置完成后，单击"确定"按钮，在"预设列表"中会显示新建的预设图标。比如，创建一个 HD 1440×1080 50i 48KHz 2ch 的工程预设（其格式属性为高清、画面大小为 1440 像素 × 1080 像素、隔行扫描、音频采样率为 48KHz、双声道），在"预设列表"中会显示该预设图标。

3.1.4 用户个人设置

用户可以根据个人的操作习惯，对 EDIUS 进行相应的设置，比如快捷键、界面风格布局、程序设置以及自添加的按键和插件设置等。

选择"设置→用户设置"命令，打开"用户设置"对话框。选择"其他"选项，就可以对 EDIUS 的操作环境进行一些简单的设置，如图 3-8 所示。

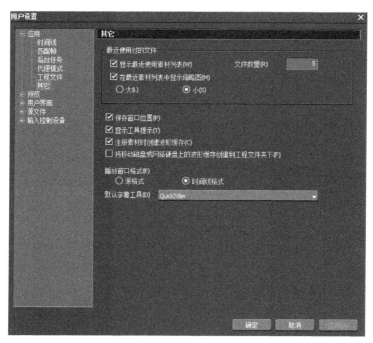

图 3-8 "其他"设置面板

选择"用户界面"选项，打开"用户界面"设置面板。可以对"按钮"、"控制"、"键盘快捷键"、"素材库"、"窗口颜色"各个选项的内容进行设置，如图 3-9 所示。

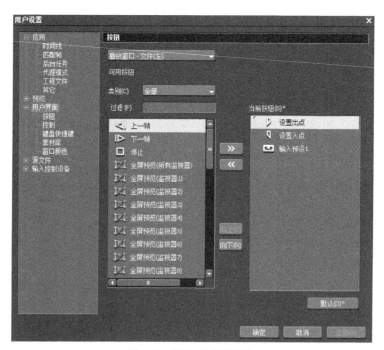

图 3-9 "按钮"设置面板

1．设置键盘快捷键

比如，要设置键盘快捷键，那么可以打开"键盘快捷键"面板进行设置，如图 3-10 所示。

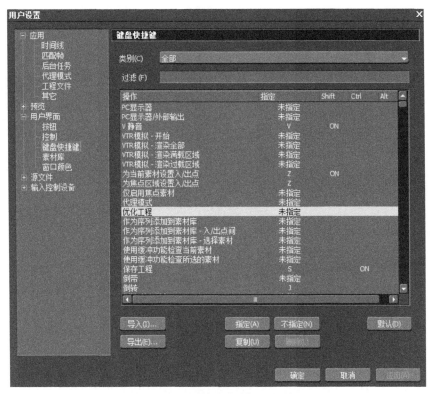

图 3-10 "键盘快捷键"设置面板

如果要设置"优化工程"的快捷键,在"操作"列表中选择"优化工程"选项,并单击"指定"按钮,打开"指定快捷键"设置面板,如图 3-11 所示。

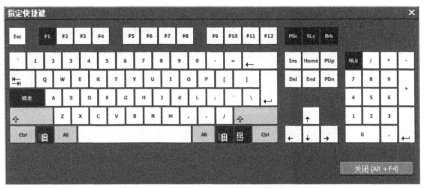

图 3-11 "指定快捷键"设置面板

如果选择的快捷键已被系统设置为其他操作方式的快捷键,系统会给出提示,如图 3-12 所示。

如果要改变默认设置,单击"是"按钮,否则单击"否"按钮。一般不要改变系统的默认设置。当选择好快捷键后,比如"Ctrl+F8",如图 3-13 所示。单击"指定"按钮,指定成功,如图 3-14 所示。

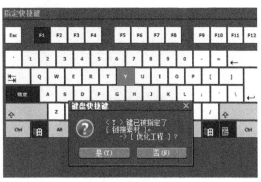

图 3-12 信息提示

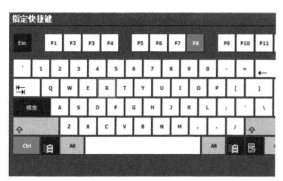

图 3-13　选择快捷键

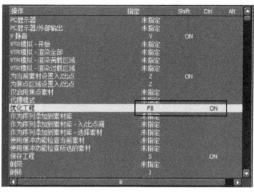

图 3-14　指定快捷键成功

最后单击"确定"按钮，快捷键设置成功。

提示

　　要取消设置的快捷键，在"键盘快捷键"设置面板的底部单击"默认"按钮，即可将该栏目下所有的用户设置恢复为默认设置。

2．设置窗口颜色

要设置窗口颜色，打开"窗口颜色"设置面板。默认的 RGB 值为 0，如图 3-15 所示。

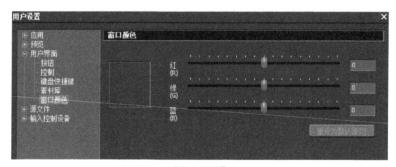

图 3-15　"窗口颜色"设置面板

调整 RGB 值就可以改变窗口颜色了，比如，将 RGB 值都调整为 -32，如图 3-16 所示。单击"确定"按钮，窗口颜色会变为深黑色，EDIUS 界面会变得酷劲十足。

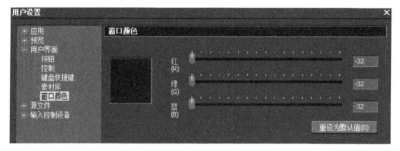

图 3-16　调整 RGB 值

3.2　文件操作

　　在 EDIUS 的"文件"菜单中，包含了关于文件操作的各个命令，使用这些命令可以进行"新建工程"、"新建序列"、"打开工程"、"导入工程"、"工程外编辑"、"输出文件"等。

3.2.1 新建工程和序列

选择"文件→新建→工程"命令,打开"工程设置"对话框,设置文件名称、文件夹、在"预设列表"中选择工程预设图标,如图3-17所示。单击"确定"按钮即可新建一个工程。

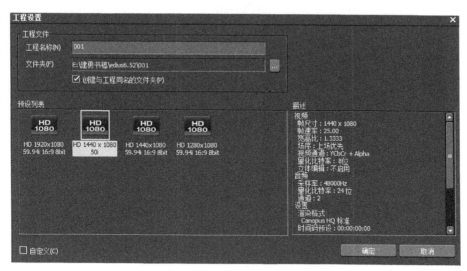

图 3-17 "工程设置"对话框

要新建一个序列,选择"文件→新建→序列"命令即可,新建的序列添加在时间线工具栏的下方和"素材库"面板中,如图3-18所示。根据实际需要可以在一个工程中建立多个序列。

新建的序列

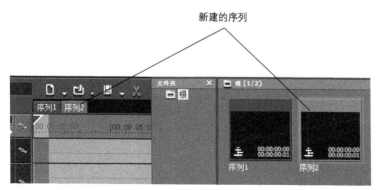

图 3-18 新建序列

要在时间线中关闭某个序列,则在时间线中用鼠标右键单击序列名称,然后在弹出的菜单中选择"关闭此序列"命令。要关闭其他所有序列,则选择"关闭其他所有序列"命令,如图3-19所示。

要重新打开某个被关闭的序列,则在"素材库"面板中双击该序列图标即可。

要删除某个序列,则在"素材库"面板中选中该序列图标,然后在"素材库"工具栏中单击"删除"按钮✕。

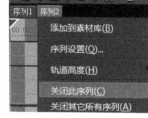

图 3-19 关闭序列

3.2.2 打开工程

在启动 EDIUS 后的数秒钟内,将会打开"初始化工程"对话框,用于设置初始的工程文件,如图 3-20 所示。

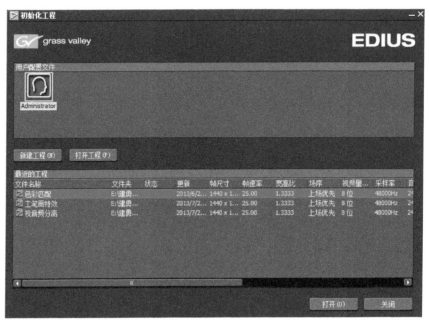

图 3-20 "初始化工程"对话框

可以在"最近的工程"列表中选择一个工程，然后单击"打开"按钮，将其打开。也可以单击"打开工程"按钮，然后在"打开"对话框中选择某个工程，再单击"打开"按钮将其打开，如图 3-21 所示。

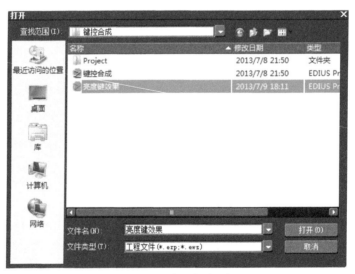

图 3-21 "打开"对话框

3.2.3 合并工程

在编辑过程中，有时可能需要将另一个工程文件中的序列合并到当前工程中，从而实现工程合并，操作方法如下。

（1）新建或打开一个工程为当前工程。

（2）选择"文件→导入序列"命令，打开"导入序列"对话框，如图 3-22 所示。

图 3-22   "导入序列"对话框

（3）单击 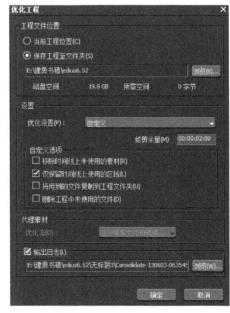 按钮或"浏览"按钮，找到要导入的工程文件。

（4）要将工程的素材文件导入到当前素材库中，勾选"导入素材库"复选框。

（5）要将工程的源素材文件和渲染文件复制到当前文件夹，分别勾选"复制素材到工程文件夹"和"复制渲染的文件"复选框。

（6）设置完成后单击"确定"按钮，即可将另一个工程文件合并到当前工程中。

在合并工程时应该注意下面几个问题。

（1）不能导入与当前工程不同帧率的工程。

（2）如果所选工程文件夹的名称与当前工程文件夹的名称相同，则无法复制。

（3）如果所选工程的帧大小、长宽比或过扫描的大小与当前工程不同时，原始图像可能会更改，而且无法复制渲染过的文件。

3.2.4 优化工程

在一个工程中如果使用的素材比较零散，或者使用了海量的素材，那么就应该好好地整理一下。使用 EDIUS 的"优化工程"功能可以对工程和素材库进行统一整理。

选择"文件→优化工程"命令，打开"优化工程"对话框，如图 3-23 所示。

1."优化工程"对话框设置
下面是对其中几个选项的介绍。

（1）当前工程位置：覆盖和保存当前工程文件。

（2）保存工程至文件夹：设置保存工程文件的路径。

（3）磁盘空间：显示工程文件所在磁盘的可用空间大小。

（4）所需空间：工程优化后创建（复制）的整个文件的大小，如果大于所选定磁盘的可用空间，则显示为红色。

图 3-23   "优化工程"对话框

（5）优化设置：在下拉列表中选择优化方式，选择"自定义"方式时，会显示多个自定义选项。

（6）自定义选项设置

① 移除时间线上未使用的素材：从素材库中移除时间线上未使用的素材。

② 仅保留时间线上使用的区域：将时间线上使用的区域单独渲染为文件保存，然后将时间线上的原有文件换为新生的文件（仅限于某些格式）。新创建的文件夹保存在工程文件夹下的Consolidate 文件夹中。

③ 将用到的文件复制到工程文件夹：将工程中用到的所有文件复制到工程文件夹中。

④ 删除工程中未使用的文件：优化工程时，从工程文件夹中删除未使用的文件（从硬盘中删除，慎重设置）。在选中至少一项其他自定义选项时，该项才能被设置。

（7）优化流：如果使用了代理素材（比如 XDCAM 分辨率低的文件），则需要在此下拉列表中设置要优化的数据类型。

（8）输出日志：设置工程日志输出的文件路径。

3.3 显示控制

EDIUS 的工作界面是由多个单独的窗口或面板组成，每个窗口或面板都可以单独地显示、隐藏、移动及缩放等。使用"视图"菜单可以灵活地控制它们的显示与否以及窗口布局等。EDIUS的"视图"菜单如图 3-24 所示。

图 3-24　"视图"菜单

3.3.1　移动和缩放窗口

要移动某个窗口，将鼠标指针移动至该窗口顶部工具栏的空白位置处，按住鼠标左键拖曳即可，如图 3-25 所示。

图 3-25　移动窗口

要缩放窗口，则将鼠标指针放置在窗口的某个边缘上或某个顶角上，当鼠标指针变为双向箭头时按住鼠标左键拖曳即可，如图 3-26 所示。

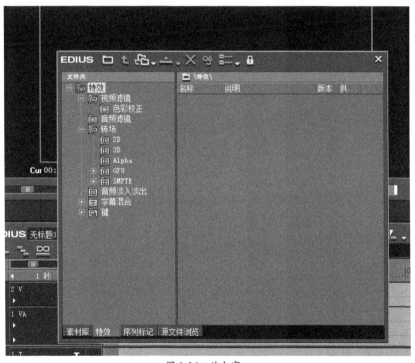

图 3-26　放大窗口

3.3.2　打开和关闭窗口

某个窗口处于打开状态时，可以将其关闭，反之也可以将其打开。比如，由于操作不慎将时间线窗口关闭了，不要着急，可以通过菜单命令将其打开。选择"视图→时间线"命令，使"时间线"处于勾选状态即可，如图 3-27 所示。

再次选择"视图→时间线"命令，使"时间线"处于非勾选状态，即可关闭时间线窗口。

选择"视图→面板→特效面板"命令，可以打开或关闭"特效"面板。选择不同的命令可以打开或关闭其他面板，如图 3-28 所示。

 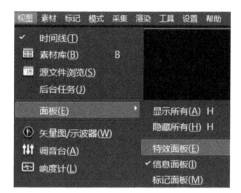

图 3-27　打开"时间线"窗口　　　　　　图 3-28　打开或关闭面板

3.3.3　窗口布局

在初次安装 EDIUS 后，使用的窗口布局是默认的常规布局。如果没有对窗口布局做过调整，"窗口布局"菜单下的几个命令是灰色的（不可使用），如图 3-29 所示。

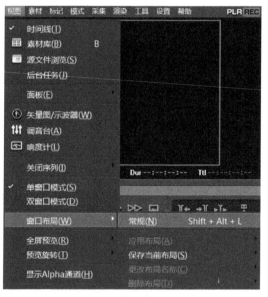

图 3-29　"窗口布局"菜单

选择"视图→窗口布局→保存当前布局"命令，打开"保存当前布局"窗口，输入布局名称，单击"确定"按钮，即可保存当前布局，如图 3-30 所示。

保存当前布局后，"窗口布局"菜单中的各个命令都可以使用了，使用这些命令可以新建布局、更改布局名称、删除布局等，如图 3-31 所示。

更改窗口布局后，要恢复常规的窗口布局，选择"视图→窗口布局→常规"命令即可。

图 3-30 "保存当前布局"窗口　　　　图 3-31 启用"窗口布局"菜单中的各个命令

3.3.4 安全框设置

专业的电视后期制作人员都知道,在电视上看到的画面往往比在电脑上看到的画面小一圈,这是因为在进行后期制作时,存在视频画面安全区域的问题。默认设置下,EDIUS 没有打开活动安全区。

在菜单栏中选择"视图→叠加显示→安全区域"命令,即可打开或关闭安全框,如图 3-32 所示。

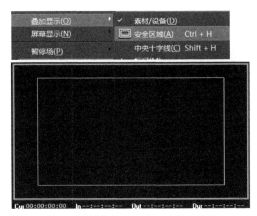

图 3-32 菜单命令和显示的安全区域

在菜单栏中选择"设置→用户设置"命令,打开"用户设置"对话框,然后选择"预览→叠加"选项,如图 3-33 所示。

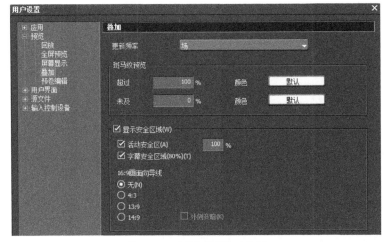

图 3-33 "用户设置"对话框

勾选"活动安全区"复选框，默认设置为 100%，即全部是安全区域。我们可以设置为 90% 左右，单击"确定"按钮，窗口中会显示 3 个安全区域，如图 3-34 所示。

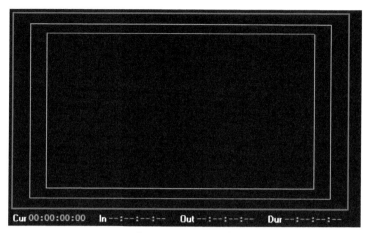

图 3-34　3 个安全区域

最里面的区域是字幕安全区域，最好将字幕放置在这个区域范围之内。一般来讲，字幕安全区域为原始画面的 80% 左右。

外面一层是活动安全区，表示需要将画面的主要部分放置在这个区域之内，这个区域之外的内容在电视画面上可能显示不出来。一般活动安全区为原始画面的 90% 左右。

提示

活动安全区的区域大小并不是绝对的，制作者应该通过标准的外部监视器来确定具体的大小。随着新一代高清电视的推出，安全区的大小比传统的电视机要大一些，观众能够看到更多的画面区域。后期制作人员应该特别注意这一点。

3.4　预览素材

在制作节目时，编辑人员通常先要对要使用的素材进行预览。预览素材的方法有如下几种。

- 在导入"素材库"之前，使用专门的播放器预览。
- 在"素材库"中导入素材，然后双击该素材，将其在"播放"窗口中打开，然后单击"播放"按钮。
- 在"素材库"中导入素材，然后将其添加到时间线中的相应轨道上，再在"播放"窗口中单击"播放"按钮进行预览。
- 在菜单栏中选择"文件→添加素材"命令，将准备好的素材直接添加到"播放"窗口中，然后单击"播放"按钮进行预览。

3.5　撤销与恢复操作

在 EDIUS 中的撤销及恢复操作与其他软件中的操作是相同的，按快捷键"Ctrl+Z"可以进行撤销操作，也可以在菜单栏中选择"编辑→撤销"命令。按快捷键"Ctrl+Y"可以进行恢复操作，也可以在菜单栏中选择"编辑→恢复"命令。

在时间线窗口中编辑时，可以使用时间线工具栏中的"撤销" 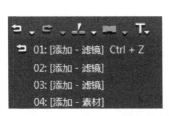 或"恢复"  工具进行撤销或恢复操作。单击 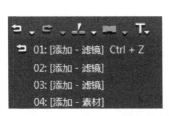 或  按钮的下拉小三角，在其下拉列表中单击要撤销或恢复的操作项即可，如图 3-35 所示。

图 3-35　撤销与恢复操作

3.6　使用取色器

在设置画面效果时，有时会用到取色器，使用取色器可以非常方便地选择颜色，如图 3-36 所示。

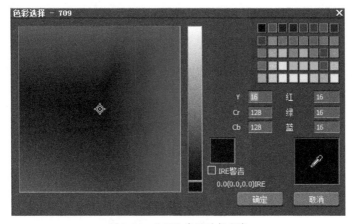

图 3-36　使用取色器选择颜色

比如，为画面应用了"视频滤镜"中的"手绘遮罩"滤镜后，在该滤镜设置框中单击色彩图标，即可打开取色器，如图 3-37 所示。

图 3-37　色彩图标

　　在挑选颜色时，可以在左侧的色彩区域中单击需要的颜色，也可以通过右侧的色彩小方块进行色彩预设，也可以通过 Y/Cr/Cb 色彩数值框设置数值来挑选不同的颜色，如图 3-38 所示。也可以使用右下角的"吸管"工具在"播放"窗口中选择画面中的色彩。

图 3-38　对色彩进行选择

　　如果勾选"IRE 警告"复选框，在左侧的色彩区域中就会自动滤去一部分"视频不安全色"，我们只需选择可视部分即可保证色彩亮度不超标，如图 3-39 所示。

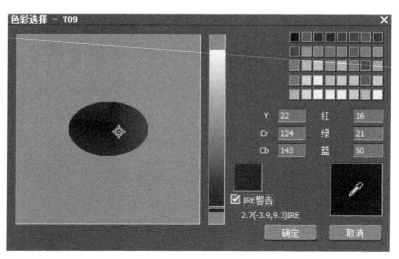

图 3-39　勾选"IRE 警告"复选框

3.7　视频布局

　　导入素材后，使用"视频布局"功能可以裁剪画面、调整画面的大小、平移和旋转画面等。将素材放置在时间线的轨道上，并使其处于选择状态，然后在"信息"面板中双击"视频布局"名称，即可打开设置框，如图 3-40 所示。

图 3-40　"视频布局"设置框

3.7.1　裁剪素材

有时，需要把不需要的素材裁剪掉。要裁剪素材，在左侧面板中切换到"裁剪"选项卡下，也可以在右侧的"参数"选项卡下直接调整裁剪参数，如图 3-41 所示。

图 3-41　裁剪素材

3.7.2　变换大小和角度

有时需要变换画面的大小或角度，在左侧面板中切换到"变换"选项卡下，可以在左侧的预览窗口中直接调整，也可以在右侧的参数面板中调整"拉伸"参数或"旋转"参数的值。改变大小时，若只想改变 X 向或 Y 向的大小，则取消"保持帧宽高比"项的勾选，然后进行调整，如图 3-42 所示。

图 3-42 取消选择"保持帧宽高比"项

如果勾选"忽略像素宽高比"选项，则画面会直接充满整个"播放"窗口，如图 3-43 所示。

图 3-43 勾选"忽略像素宽高比"选项

要在 3D 空间中旋转画面，则在左侧面板顶部激活"3D 模式"按钮 ，然后在右侧的"参数"面板中调整相关的"旋转"参数，如图 3-44 所示。

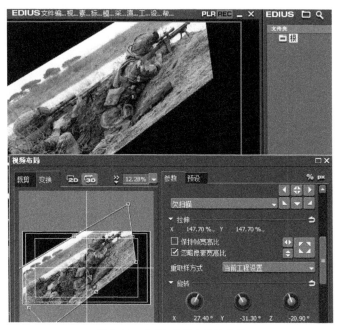

图 3-44　在 3D 空间中旋转画面

3.8　时间线的使用

在 EDIUS 中的剪辑工作大部分是在时间线中进行的。在前面介绍时间线工具栏时已经介绍过相关工具的使用，这里再介绍一下时间线中经常用到的其他操作。

3.8.1　选择、移动、删除、复制和粘贴素材

单击时间线轨道中的素材，即可将其选中。在轨道空白处单击即可取消选择。

单击时间线轨道中的素材并按住鼠标键拖曳即可移动素材。

单击要删除的素材将其选中，单击"删除"按钮，即可删除素材。单击"波纹删除"按钮，后面的素材会前移。

单击时间线轨道（1VA）中的素材，在工具栏中单击"复制"按钮，如图 3-45 所示。

单击要放置素材的轨道头（2V 轨道），将指针移动到要放置素材的位置，然后单击"粘贴"按钮，即可完成素材的粘贴，如图 3-46 所示。

图 3-45　单击选中素材

图 3-46　粘贴素材

3.8.2　时间线序列

在 EDIUS 中，序列就是放置在时间线上的一组视频、音频、图像等素材，这组素材可以作为一个整体进行处理，这个整体就是一个序列。可以创建多个序列，可以打开或关闭序列。

在时间线的工具栏中单击"新建序列"按钮  ，可以新建一个序列。单击下拉小三角，在下拉列表中选择"新建工程"，可以新建一个工程。新建的序列会自动添加到素材库中，比如在时间线中新建了"序列2"和"序列3"（序列1是默认的），素材库中也会显示这两个序列，如图3-47所示。

图 3-47　时间线窗口（左）和素材库窗口（右）中显示的序列

在时间线中创建了多个序列后，可以嵌套序列。嵌套序列就是将一个序列放入另一个序列中，形成嵌套关系。嵌套序列的方法和往时间线中添加素材的方法是一样的，将某个序列从素材库窗口中添加到另一个序列中即可。比如，将序列2嵌套到序列1中，如图3-48所示。注意：在嵌套序列时，不能进行自身嵌套。

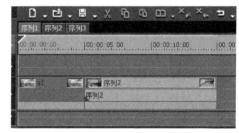

3.8.3　时间线标记

在时间线工具栏中选择"切换面板显示→标记面板"选项，也可以在素材库窗口底部单击"序列标记"标签，切换到"序列标记"面板，如图3-49所示。

图 3-48　嵌套序列

图 3-49　"序列标记"面板

将时间线指示器移动到需要添加标记的位置，然后在"序列标记"面板顶部的工具栏中单击"设置标记"按钮 ，即可在时间线的指针位置添加一个序列标记，如图3-50所示。

添加序列标记的同时，在播放窗口中也会添加素材标记，素材标记在播放窗口底部显示为半透明的灰色长条，如图3-51所示。

图 3-50　添加的序列标记

在序列标记面板中单击"切换序列标记／素材标记"按钮 ，可以切换到"素材标记"面板，如图3-52所示。

图3-51　素材标记

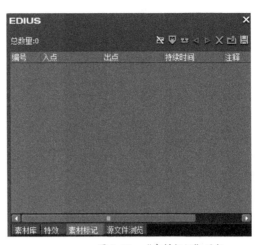

图3-52　"素材标记"面板

使用标记面板中的工具或使用"标记"菜单中的相关命令，可以进行清除标记、编辑标记等操作，如图3-53所示。

将时间线指示器移动至标记位置处，在菜单栏中选择"标记→编辑标记"命令，打开"标记注释"对话框。 可以在注释框中加入注释内容，如图3-54所示。 输入注释内容后，单击"确定"按钮即可。

图3-53　"标记"菜单

图3-54　"标记注释"对话框

第 4 章

"有米之炊"——采集与管理素材

要进行视频剪辑，首先要有视频素材。使用摄像机拍摄的视频素材要通过一定的传输途径传输到计算机硬盘中，然后使用 EDIUS 进行编辑。通常这种素材的传输过程被称为采集素材。

本章主要介绍以下内容：

➢ 采集设置

➢ 采集素材的途径

➢ 管理素材

4.1 采集设置

采集是指使用摄像机、录像机等硬件设备获取视频数据信息，然后将这些信息传输到计算机硬盘上。可以使用采集线采集，也可以使用存储卡直接复制素材到电脑磁盘中，如图 4-1 所示。

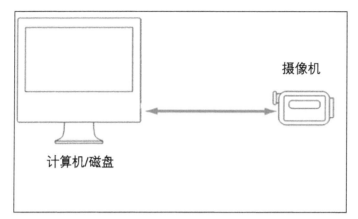

图 4-1　采集素材

采集之前，应该对采集的默认设置做一个大致的了解。如果有不符合实际要求的，可以另行设置。

要进行采集设置，选择"设置→系统设置"命令，打开"系统设置"对话框。选择"应用→采集"选项，如图 4-2 所示。

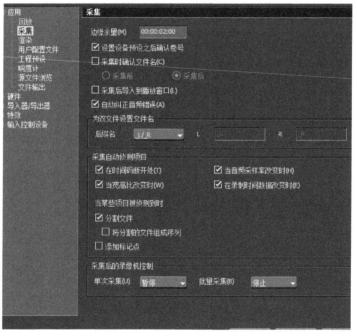

图 4-2　"系统设置"对话框

4.2 采集素材的途径

在 EDIUS 中，采集的途径有好几种，包括使用采集卡采集、使用摄像机设备采集、光盘采集等。

4.2.1 使用 EDIUS NX 采集卡采集

EDIUS NX 是先进的非线性编辑解决方案，具有让人引以为豪的编辑加速硬件和高品质的视频输入输出电路，同时具备专业的编辑设备接口。采用无缝的实时工作流程，混合编辑各种模拟、数字视频格式，为编辑人员提供了无限的视频、音频和特效层，让用户体验标清视频制作的极致。其特有的广阔升级空间更能引领用户平滑地过渡到高清世界，通过增加 HD 扩展选件可实现完善的 HD 输入 / 输出，并可将高清视频输出到高质量的监视器上预览。

EDIUS NX for HD 解决方案的硬件具有以下特征。

- DV25/MPEG-2/ 无压缩和无损压缩视频实时编辑。

- 可以优化、实时整合和加速 EDIUS 软件。

- 内置的 DV25 硬件编解码器和 MPEG 模块选项。

- 实时 SD 的效果、键特效、转场和字幕。

- DV、Y/C、复合视频和非平衡音频的输入 / 输出。

- 通过选件可进行实时 HD（HDV、DVCPRO HD）的编辑和 HD 分量输出。

5.25 英寸（PC）前置面板为 EDIUS NX 用户提供了方便的 PC 连接接口，其中包括 4 芯 FireWire 接口、IEEE1394 接口、Y/C 接口、复合视频接口和非平衡立体声 RCA 音频接口。

EDIUS NX 及其 HD 扩展组件具有丰富的视频输入输出接口，如图 4-3 所示。

图 4-3　视频输入输出接口

4.2.2 使用摄像机设备采集

对于新一代的硬盘类摄像机，EDIUS 可以直接读取这些摄像机的视频文件。

如果使用的是拍摄 AVCHD 格式视频的摄像机，则可以将 AVCHD 格式的视频文件直接导入到 EDIUS 中进行编辑，而且使用 EDIUS 编辑 AVCHD 数据的实时性能非常好。

AVCHD 格式是一种新型的视频标准，这种标准允许用户将精细的高画质视频存储在存储卡、DVD 或硬盘之类的介质中。

导入 AVCHD 格式素材的操作步骤如下。

（1）使用 USB 数据线将 AVCHD 摄像机连接到计算机的 USB 接口上。

（2）在 EDIUS 中打开"源文件浏览"面板，在左侧单击"可移动媒体"，在右侧的素材列表中会自动显示 AVCHD 摄像机存储卡内的素材。

（3）在素材列表中双击视频素材的缩略图，即可在"播放"窗口中预览视频内容。也可以用鼠标右键单击素材，然后选择"发送到素材库"或"上传至计算机硬盘"选项。

对普通的摄像机设备中的视频进行采集，首先要将摄像机设备（如 HDV）通过普通 OHCI IEEE1394 接口连接到计算机。如果装有视频采集卡，会有多个接口供用户选择，比如"S-VIDEO（S 端子）"接口、"复合信号"接口、"分量信号"接口及 SDI 接口等。当然，不同的采集卡提供的接口也有所不同。如果使用录像机，比如 BETACAM、DVCAM、DVCPRO 50 等设备，也可以使用同样的方法通过接口线与系统正确连接。

4.2.3 光盘采集

EDIUS 支持对 DVD 和音频 CD 内容的采集，其支持的格式包括以下几种。

- 音频 CD：WAV 文件。
- DVD 视频：MPEG-2 文件。
- DVD-VR：MPEG-2 文件。

可以直接将 DVD 和 CD 光盘中的素材采集到"素材库"中，操作方法如下。

（1）将光盘放入计算机光驱中。

（2）切换到"源文件浏览"面板，在左侧单击光盘名称，在右侧会显示光盘中的素材列表，如图 4-4 所示。

（3）选择需要的素材，在"源文件浏览"面板顶部单击"添加并传送到素材库"按钮，将素材传送到"素材库"中，如图 4-5 所示。

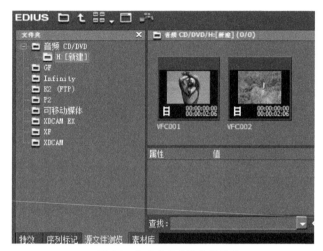

图 4-4　打开光盘中的素材列表

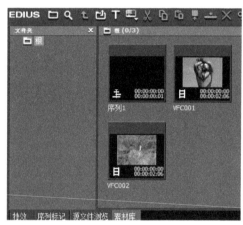

图 4-5　采集到"素材库"中的素材

4.3　管理素材

采集或导入素材后，可以在素材库中进行某些相关的管理操作，以方便使用。比如，复制和粘贴素材、重命名素材、预览素材、查看素材属性、将素材添加到时间线等。

4.3.1 导入素材

除了可以将素材直接采集到素材库中以外，对于在计算机中存放的素材，则需要将其导入到素材库中。

在素材库中单击"添加素材"按钮，弹出"打开"对话框，找到存放素材的路径，如图 4-6 所示。或者在素材库窗口中的空白处双击，也可以弹出"打开"对话框，这是导入素材较快捷的方法。

选择需要的素材，然后单击"打开"按钮，即可将其导入到素材库窗口中，如图 4-7 所示。

图 4-6　"打开"对话框

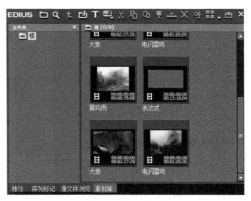

图 4-7　导入的素材

4.3.2　使用鼠标右键执行的快捷操作

　　对素材的相关操作，可以使用工具栏中的工具，也可使用鼠标右键菜单中的相关命令。鼠标右键单击素材，即可打开鼠标右键菜单，如图 4-8 所示。

1. 预览素材

　　在鼠标右键菜单中选择"在播放窗口显示"命令，则可以在"播放"窗口中打开素材，然后在"播放"窗口中单击"播放"按钮即可预览素材，如图 4-9 所示。

图 4-8　鼠标右键菜单

图 4-9　使用播放窗口预览素材

也可以使用专门的播放器预览素材，在鼠标右键菜单中选择"打开"命令，即可使用播放器预览素材，如图 4-10 所示。

图 4-10　使用播放器预览素材

2. 添加到时间线

在鼠标右键菜单中选择"添加到时间线"命令，即可将素材添加到时间线的默认轨道（1VA）上，如图 4-11 所示。

3. 转换文件

在鼠标右键菜单中选择"转换→文件"命令，打开"另存为"对话框。在"保存类型"下拉列表中选择要转换的类型，单击"保存"按钮即可，如图 4-12 所示。

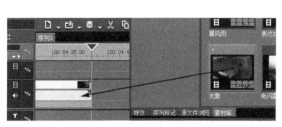

图 4-11　将素材添加到时间线　　　　　　　　　　　　图 4-12　转换文件

4. 音频偏移

在鼠标右键菜单中选择"音频偏移"命令，打开"音频偏移"对话框。设置偏移方向及偏移数量，单击"确认"按钮即可，如图 4-13 所示。

5. 查看属性

在鼠标右键菜单中选择"属性"命令，打开"素材属性"对话框。切换到不同的面板中即可查看相关的文件属性，如图 4-14 所示。

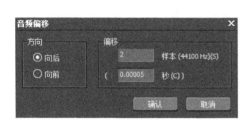

图 4-13 音频偏移

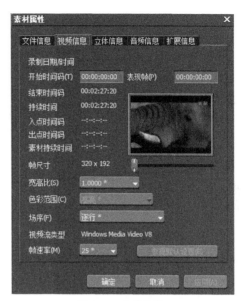

图 4-14 查看属性

4.3.3 新建素材

在"素材库"工具栏中单击"新建素材"按钮, 打开下拉菜单，然后选择某个素材选项，再进行相关的操作，即可创建素材，如图 4-15 所示。

比如，选择"彩条"命令，打开"彩条"对话框。选择彩条类型，设置"基准音"， 单击"确定"按钮， 即可创建彩条素材， 如图 4-16 所示。

图 4-15 "新建素材"菜单

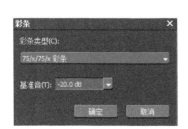

图 4-16 创建彩条素材

将创建的彩条素材拖曳到时间线中的轨道上，即可在播放窗口中预览该素材，如图 4-17 所示。

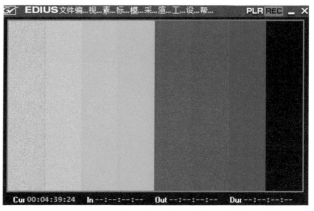

图 4-17　播放窗口中的素材效果

4.3.4　离线素材的恢复

　　素材库中的素材与其源文件是相关联的，如果源文件被移动、删除或更改了文件名等，则打开工程时会出现素材离线的现象。

　　如果产生素材离线，再次操作素材或者打开工程时，"播放"窗口中的素材会显示为黑白方格，如图 4-18 所示。

　　素材离线后，"素材库"中也会显示素材离线信息，会显示为一个类似闪电的符号，如图 4-19 所示。

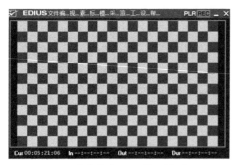

图 4-18　素材离线后的"播放"窗口

图 4-19　"素材库"窗口中显示的素材离线信息

　　同样，"时间线"窗口中也会显示素材离线信息，会显示为带有斜杠的黄绿色线条，如图 4-20 所示。

图 4-20　"时间线"窗口中显示的素材离线信息

要恢复离线的素材，在时间线底部的状态栏中双击"离线素材"标记 ，也可以在"素材库"中双击离线的素材，打开"恢复离线素材"对话框，如图4-21所示。

图 4-21 "恢复离线素材"对话框

单击"恢复方法"下拉小三角，在其下拉列表中选择"重新连接（选择文件）"选项，然后在弹出的"打开"对话框中选择相应的素材，再单击"打开"按钮即可恢复素材，如图4-22所示。

图 4-22 恢复素材

第5章

进入圣殿之门——粗剪与精剪

在认识了 EDIUS 的工作界面之后，就可以进行剪辑工作了。多机位剪辑是 EDIUS 的一大优势，使剪辑工作更加方便快捷。剪辑的时候可以粗剪或精剪，也可以粗剪和精剪一起混剪。学习了粗剪和精剪方面的内容以后，就可以进入剪辑的圣殿之门了。

本章主要介绍以下内容：

➤ 使用轨道

➤ 剪辑模式和多机位模式

➤ 粗剪和精剪

5.1 剪辑概述

在进行影片的剪辑制作时，一般都要经过粗剪和精剪两个阶段。粗剪，即大概粗略地剪辑，一般体现在挑选素材（镜头）、安排素材等方面。精剪，即精确细致地剪辑，一般体现在精确编辑素材的各种效果方面。当然，在进行剪辑时每个人都有自己的习惯和爱好，因此剪辑手法也都有自己的独特之处。

5.2 使用轨道

"时间线"窗口是 EDIUS 的主要工作空间，而轨道又是"时间线"窗口的主要组成部分。所有的素材都要放置在轨道上，才能进行各种剪辑操作。EDIUS 中的轨道分为视频轨道、视音频轨道、字幕轨道和音频轨道 4 种类型，分别用于放置相应类型的素材。

默认设置下，"时间线"窗口由 1 条 VA（视音频）轨道、1 条 V（视频）轨道、1 条 T（字幕）轨道和 4 条 A（音频）轨道组成。使用鼠标右键菜单可以添加、删除、移动、复制轨道，比如在 1VA 轨道头上单击鼠标右键，在打开的菜单中选择某个命令，即可进行相应的操作，如图 5-1 所示。

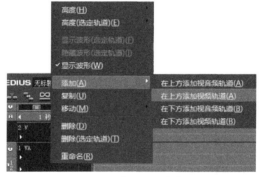

图 5-1　鼠标右键菜单

提示

在EDIUS中，视频轨道是一层层叠加的，上方的轨道会"盖"住下方的轨道。

5.2.1 复制轨道

复制轨道后，复制的轨道会自动添加到源轨道的上方。比如，鼠标右键单击 1VA 轨道头，然后在菜单中选择"复制"命令，在 1VA 轨道上方会自动添加复制后的轨道及轨道内容，轨道名称按顺序显示，如图 5-2 所示。

图 5-2　复制轨道

5.2.2 重命名轨道

为了便于区分轨道，可以为轨道重命名。比如，鼠标右键单击 3A 轨道头，再在弹出菜单中选择"重命名"命令，然后输入自定义的轨道名称，如图 5-3 所示。

图 5-3 重命名轨道

5.2.3 移动轨道

移动轨道时，可以选择向前移动还是向后移动。比如，鼠标右键单击第 3 个音频轨道头，再在右键菜单中选择"移动→向后移动"命令，将源轨道及其轨道中的内容移动到源轨道的后面（即上方），如图 5-4 所示。

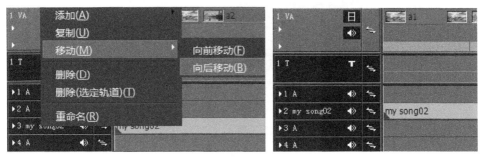

图 5-4 移动轨道

5.2.4 调整轨道高度

在调整轨道高度时，在"高度"菜单列表中选择"高度"选项就可以了。比如，鼠标右键单击 2V 轨道头，再在右键菜单中选择"高度→3（3）"选项，如图 5-5 所示。

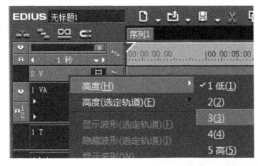 

图 5-5 调整轨道高度

5.2.5 添加轨道

添加轨道时，可以设置要添加轨道的数量。比如，鼠标右键单击 1T 轨道头，再在菜单中选择"添加→在上方添加字幕轨道"命令，打开"添加轨道"对话框，如图 5-6 所示。

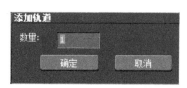

图 5-6 "添加轨道"设置

在"添加轨道"对话框中输入数量的值，这里使用默认的数值 1，单击"确定"按钮，添加一条字幕轨道，如图 5-7 所示。

图 5-7 添加字幕轨道

5.3 剪辑模式和多机位模式

EDIUS 中有专门的剪辑模式和多机位模式，在菜单栏中展开"模式"菜单，如图 5-8 所示。在剪辑时，可以根据实际情况选择不同的模式。

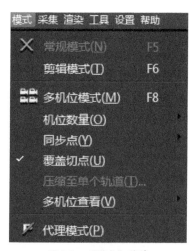

图 5-8 "模式"菜单

5.3.1 剪辑模式

在 EDIUS 的剪辑工作中，很多情况都是对镜头素材的整理以及镜头间的组接。EDIUS 提供了 5 种剪辑方式和专门的剪辑模式。

选择"模式→剪辑模式"菜单命令，切换到剪辑模式下。在剪辑模式下，用户可以方便地确认前后素材的画面。进入剪辑模式后，界面中的两个监视窗口和其下方的工具栏发生变化，如图 5-9 所示。

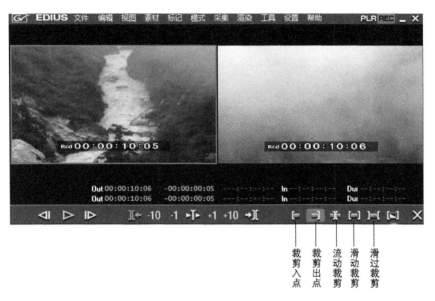

图 5-9 剪辑模式下的监视窗口

一段视音频素材上共有 8 个剪切点（4 个入点和 4 个出点），被选中的剪切点（或者说是剪辑点）显示为黄色，可以按住 Alt 键选择多个剪切点，如图 5-10 所示。

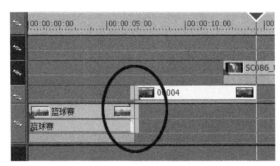

图 5-10 选择的剪切点

1．5 种裁剪动作

对于不同的剪切点，能做出 5 种不同的裁剪动作，包括常规裁剪、滚动裁剪、滑动裁剪、滑过裁剪和分离裁剪。而每种裁剪动作，鼠标光标显示的形状也不一样。

> **注意**
>
> 在裁剪素材时，注意波纹模式处于何种状态。如果处于打开状态，则对后面素材的位置产生影响。

（1）常规裁剪

常规裁剪是最常使用的一种裁剪方式，用于改变时间线上素材的入出点。用鼠标激活素材"内侧"的剪辑点拖曳即可，如图5-11所示。

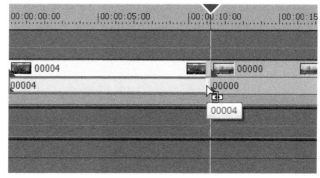

图 5-11　常规裁剪

激活 ⊒ 按钮，裁剪素材的出点；激活 ⊏ 按钮，则裁剪素材的入点。

（2）滚动裁剪

激活 ⊞ 按钮，可以进行滚动裁剪。用于改变相邻素材间的边缘，不改变两段素材的总长度。裁剪时，用鼠标激活素材间的"内外"4个剪辑点之一进行拖曳，相当于同时调整一个素材的出点及另一个素材的入点，如图5-12所示。

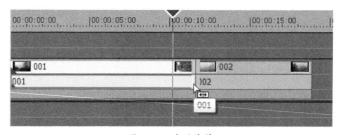

图 5-12　滚动裁剪

（3）滑动裁剪

激活 ⊟ 按钮，可以进行滑动裁剪。用于改变选中的素材中要使用的部分，不改变当前素材的位置和长度。裁剪时，用鼠标激活素材自身"内侧"的4个剪辑点之一进行拖曳，相当于在不影响素材位置和长度的情况下，调整放置在时间线上的内容，如图5-13所示。

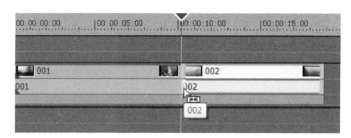

图 5-13　滑动裁剪

（4）滑过裁剪

激活 ⊨ 按钮，可以进行滑过裁剪。用于改变选中素材的位置，而不改其长度。裁剪时，用鼠标激活素材自身"外侧"的4个剪辑点之一进行拖曳，相当于在移动选中素材的情况下改变前一个素材的出点和后一个素材的入点，如图 5-14 所示。

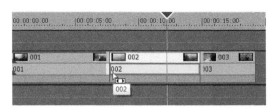

图 5-14　滑过裁剪

（5）分离裁剪

在进行分离裁剪时，先在时间线工具栏中关闭"组／链接模式"按钮![按钮]，然后分别调节素材的视频或音频部分，如图 5-15 所示。

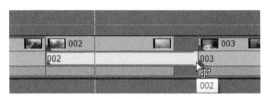

图 5-15　分离裁剪

2．在监视窗口中调节素材剪辑点

除了在时间线上调整素材的剪辑点，还可以直接在监视窗口中调节，此时要注意选择的剪辑点和鼠标光标的变化。

（1）裁剪出点

激活![按钮]按钮，在监视窗口左侧调整素材的出点，如图 5-16 所示。

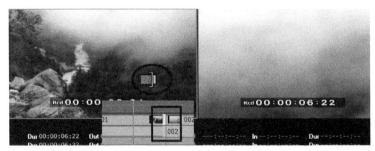

图 5-16　裁剪出点

（2）裁剪入点

激活![按钮]按钮，在监视窗口右侧调整素材的入点，如图 5-17 所示。

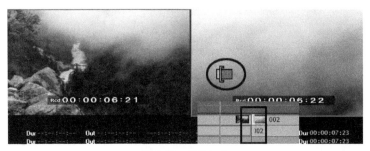

图 5-17　裁剪入点

（3）滚动裁剪

激活![icon]按钮，在监视窗口进行滚动裁剪，如图 5-18 所示。

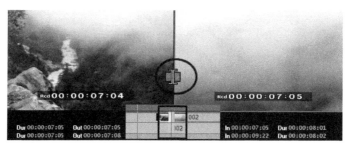

图 5-18　监视窗口中的滚动裁剪

（4）滑动裁剪

激活![icon]按钮，在监视窗口进行滑动裁剪，如图 5-19 所示。

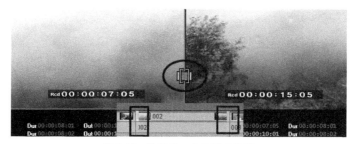

图 5-19　监视窗口中的滑动裁剪

（5）滑过裁剪

激活![icon]按钮，在监视窗口进行滑过裁剪，如图 5-20 所示。

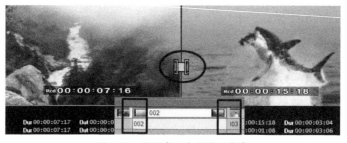

图 5-20　监视窗口中的滑过裁剪

（6）对不同轨道上素材的剪辑

如果将素材放置在不同的轨道上，同样可以在剪辑模式下进行剪辑工作，如图 5-21 所示。

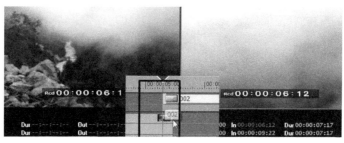

图 5-21　对于不同轨道上素材的操作

5.3.2 多机位模式

通常，在现场拍摄节目时都会有多台摄像同时拍摄，拍摄的角度也不尽相同，为后期编辑人员提供了多机位素材编辑。在过去，多机位剪辑——特别是有同期声的多机位剪辑，是一件令人很头痛的事，因为需要严格对齐时间点。EDIUS 支持多机位剪辑，最多支持 16 台摄像机素材同时剪辑。

在菜单栏中选择"模式→多机位模式"命令，进入多机位模式，如图 5-22 所示。

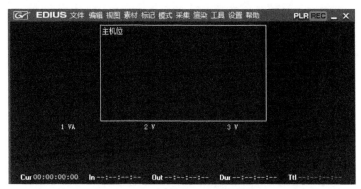

图 5-22　多机位模式窗口

在多机位模式下，播放窗口划分为多个小窗口。默认设置下，支持 3 台摄像机素材的剪辑。"主机位"窗口下面的 3 个小窗口（视频轨道数量等于或大于 3 个时）就是 3 个机位，主机位是最后选择的机位。如果需要增加机位，在"模式"菜单下选择需要的机位数量即可。

这里以 5 机位为例介绍一下多机位模式的操作。

（1）进入多机位模式后，鼠标右键单击视频轨道头，在弹出的菜单中选择"添加→在上方添加视频轨道"命令，然后再设置要添加的轨道数量，如图 5-23 所示。

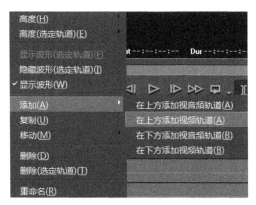
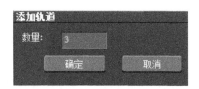

图 5-23　添加轨道

（2）单击"确定"按钮，在时间线中添加了 3 个视频轨道，如图 5-24 所示。

（3）选择"模式→机位数量"命令，再选择需要的机位数量 5，播放窗口中显示 5 个机位窗口，如图 5-25 所示。

（4）如果"播放"窗口中没有显示足够的机位窗口，则轨道面板中的某些轨道没有映射机位。单击轨道头中的"C"字样，然后选择要映射的机位，也就是将该轨道分配给某个机位，如图 5-26 所示。也可以取消映射机位。

图 5-24　时间线中添加的轨道

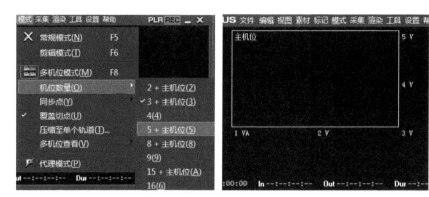

图 5-25　设置 5 个机位

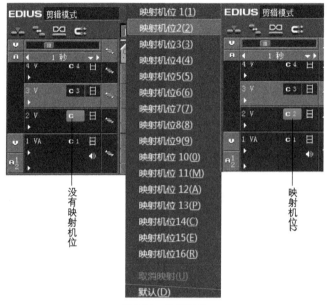

图 5-26　映射机位

（5）在"素材库"中导入 5 台摄像机拍摄的素材，如图 5-27 所示。

（6）在多机位剪辑中，多机位同步方式是非常重要的。在"模式"菜单中选择一个同步方式，这里选择"素材入点"，如图 5-28 所示。

图 5-27　导入摄像机素材

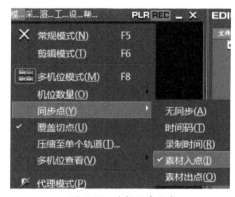

图 5-28　选择同步方式

（7）选择同步方式后，将素材库中的素材一起添加到时间线中，各个素材会按入点进行对齐，如图 5-29 所示。

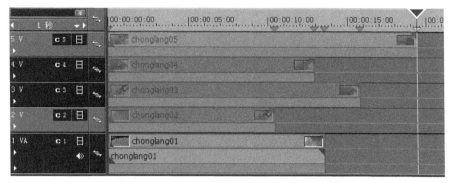

图 5-29　素材按入点对齐

（8）播放时间线，各个窗口的素材同时播放，如图 5-30 所示。

图 5-30　播放时间线

（9）如果系统负担过大而无法流畅播放时，可以丢帧播放。在"模式"菜单中选择"丢帧显示"的帧数，如图 5-31 所示。丢帧后 EDIUS 会保证音频部分优先流畅播放，并丢帧各个小画面，减轻系统的负担，从而保证剪辑工作顺利进行。

图 5-31　丢帧设置

（10）接下来开始选择镜头、切换镜头。播放时间线，在监视窗口中单击小窗口以选择需要的镜头。鼠标光标在小窗口中显示为摄像机的形状，如图 5-32 所示。

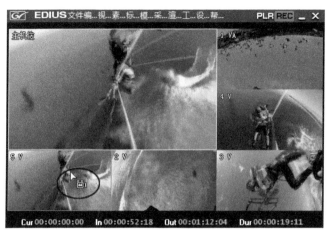

图 5-32　选择镜头

（11）在选择镜头的同时，EDIUS 在时间线中自动创建剪辑点标记，当按空格键停止播放时，各个素材就在这些剪辑点位置被裁剪开了，此时初剪工作完成，如图 5-33 所示。移动各个剪辑点，也可以改变素材的入点和出点。

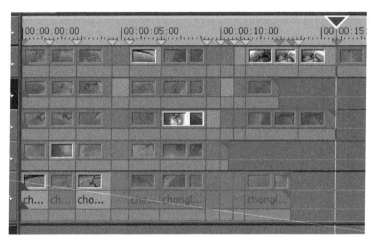

图 5-33　选择的各个镜头

（12）为了方便起见，可以将剪辑完的多轨道素材压缩到一个轨道上去。在"模式"菜单中选择"压缩至单个轨道"命令，进行压缩设置，如图 5-34 所示。

图 5-34　压缩设置

（13）将素材压缩到一个新建轨道上，如图 5-35 所示。

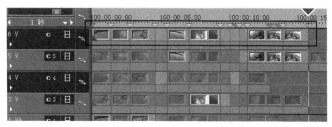

图 5-35　将素材压缩到一个新建轨道上

（14）剪辑完毕后，返回到常规模式。再进行其他剪辑工作，比如重新添加音频等。

（15）最后输出文件。

5.4　粗剪和精剪

影片和电视节目的后期制作一般都要经过粗剪和精剪两个阶段。粗剪，一般是指挑选素材、整理素材、剪切素材、排列素材等，也就是为精剪做准备。精剪，一般是指为素材添加特效、制作片头、片尾、字幕等，最终将素材制作成影片的过程。粗剪和精剪没有严格的区分界限，在实际的编辑过程中专业编辑人员通常不严格地区别粗剪和精剪。比如，经常在粗剪时就做好特技转场和声音混录，而这些一般都属于精剪过程。

5.4.1　粗剪过程

通常，粗剪过程包括如下步骤。

1. 挑选素材。挑选素材也就是挑选镜头。一部短片是由很多个镜头组成的，在制作短片时要挑选一些比较抢眼的镜头。

2. 整理素材。可以建立几个文件夹，将挑选后的素材分类放置，以便随时调用。

3. 导入素材。将素材整理好后，将需要的素材导入素材库。

4. 放置素材。往时间线轨道中放置素材最简单的方法就是将素材从"素材库"窗口或"播放"窗口中直接拖曳到时间线中相应的轨道上。使用素材库窗口中的"添加到时间线"工具 时，默认会添加到 1VA 轨道上。

5. 剪切素材。有的素材较长，需要进行剪切后再用。剪切素材的方法有两种：一是在"播放"窗口中剪切，二是在"时间线"窗口中剪切。

（1）在"播放"窗口中剪切

① 在"素材库"中双击要剪切的素材，将其在"播放"窗口中打开，如图 5-36 所示。

图 5-36　在"播放"窗口中打开的素材

② 单击"播放"按钮，预览视频（也可以拖曳滑块进行预览）。

③ 将时间线指示器移动到要剪切的入点位置处，单击"设置入点"按钮 ，添加入点，如图 5-37 所示。

图 5-37　设置入点

④ 将时间线指示器移动到要剪切的出点位置处，单击"设置出点"按钮 ，添加出点，如图 5-38 所示。

图 5-38　设置出点

（2）在"时间线"窗口中剪切

① 将需要剪切的素材放置在时间线的相应轨道上，这里选择 1VA 轨道。将时间线指示器移动到需要剪切的位置，如图 5-39 所示。

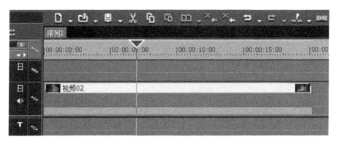

图 5-39　往时间线上放置素材

② 如果按 M 键，时间线指示器后面的内容被剪除，如图 5-40 所示。

③ 如果按 N 键，时间线指示器前面的内容被剪除，并且后面的内容自动前移，占据被删除内容的位置（因为波纹模式处于开启状态），如图 5-41 所示。

图 5-40　剪除后面的内容

图 5-41　剪除前面的内容

④ 如果波纹模式处于关闭状态，剪除后时间线指示器后面的内容不动，如图 5-42 所示。

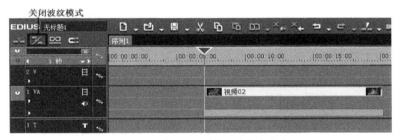

图 5-42　关闭波纹模式后的剪除效果

⑤ 也可以通过添加剪切点剪切素材。选中素材，将时间线指示器移动到要添加剪切点的位置，单击"添加剪切点"按钮 ，素材被剪切为两部分，如图 5-43 所示。

图 5-43　剪切素材

⑥ 移动时间线指示器到另一个需要剪切的位置，单击"添加剪切点"按钮 ，再次剪切素材，如图 5-44 所示。

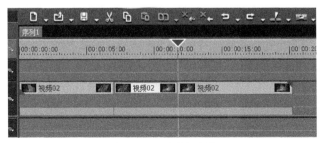

图 5-44　再次剪切素材

⑦ 选择要删除的部分，在时间线工具栏中单击"删除"按钮，删除选中的部分，如图 5-45 所示。

⑧ 如果单击"波纹删除"按钮，选中的部分被删除，并且后面的内容自动前移占据被删除内容的位置，如图 5-46 所示。

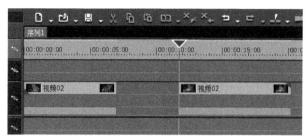
图 5-45　删除选中的内容

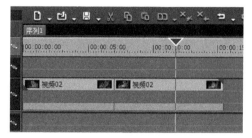
图 5-46　波纹删除

5.4.2　精剪过程

根据剪辑结果的不同，精剪的过程也大相径庭。有的需要调整播放速度，有的需要加入视频特效，有的需要添加转场效果，有的需要添加背景音乐，还有的需要添加字幕等。

1. 调整素材的播放速度

在剪辑过程中，有时候需要实现快镜头、慢镜头或倒镜头的效果，这些都可以通过调整素材的播放速度来实现。

（1）使用"速度"命令调整

① 导入一段视频素材，并将其添加到时间线中，如图 5-47 所示。

② 鼠标右键单击时间线中的视频素材，在弹出的菜单中选择"时间效果→速度"命令，打开"素材速度"对话框，如图 5-48 所示。

图 5-47　导入的素材

图 5-48　"素材速度"对话框

- 方向：选择"正方向"，素材正向播放。选择"逆方向"，素材逆向播放。

- 比率：比率值等于100%，素材按正常速度播放。比率值大于100%，素材快速播放。比率值小于100%，素材按慢速播放。

- 持续时间：勾选"在时间线上改变素材长度"之后，才可以修改持续时间。修改持续时间和修改比率的效果是等同的。

（2）使用"时间重映射"命令调整

使用"速度"命令只能调整整段视频的速度，而使用"时间重映射"命令可以控制素材中分区段的速度。

① 鼠标右键单击素材,在弹出的菜单中选择"时间效果→时间重映射"命令,打开"时间重映射"对话框, 如图 5-49 所示。

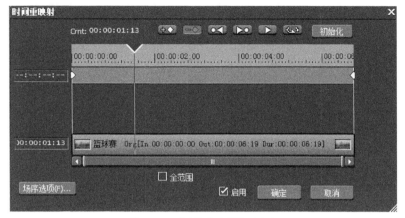

图 5-49 "时间重映射"对话框

• "添加关键帧"按钮 ：单击该按钮可在时间线指示器所在的位置添加一个关键帧。

• "删除关键帧"按钮 ：选中某个关键帧,单击该按钮可以将其删除。

• "上一个关键帧"按钮 ：单击该按钮,将时间线指示器移动到上一个关键帧的位置。

• "下一个关键帧"按钮 ：单击该按钮,将时间线指示器移动到下一个关键帧的位置。

• "初始化"按钮：用于恢复"时间重映射"的默认设置。在"时间重映射"对话框中进行操作后,单击"初始化"按钮,打开询问对话框,如图 5-50 所示。单击"是"按钮,恢复初始化设置。

图 5-50 询问对话框

② 将时间线指示器移动到某一位置处,单击"添加关键帧"按钮 ，添加一个关键帧, 如图 5-51 所示。

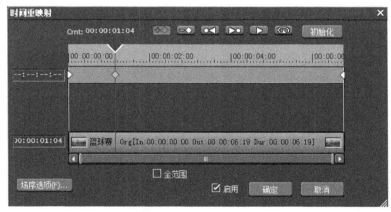

图 5-51 添加一个关键帧

③ 将时间线指示器移动到另一位置处,单击"添加关键帧"按钮 ，添加另一个关键帧, 如图 5-52 所示。关键帧的指示线分为上端、中间和下端三部分。

图 5-52　添加另一个关键帧

④ 将鼠标指针放置到刚刚添加的第 1 个关键帧的上端指示线上，按住鼠标左键向右拖动，该关键帧指示线发生变化，其后的关键帧指示线也跟着变化，如图 5-53 所示。

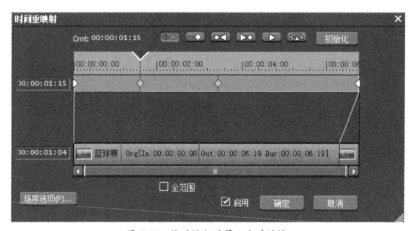

图 5-53　拖动添加的第 1 个关键帧

⑤ 向左拖动添加的第 2 个关键帧的上端指示线，使其指示线保持原来的垂直方向，其后面的关键帧指示线也恢复到原来的垂直方向，如图 5-54 所示。

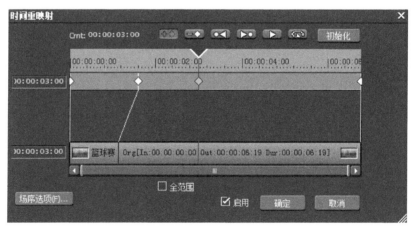

图 5-54　拖动添加的第 2 个关键帧

添加的第 1 个关键帧之前的部分实现慢镜头效果，添加的第 1 个关键帧和第 2 个关键帧之间的部分实现快镜头效果，添加的第 2 个关键帧之后的部分恢复正常播放速度。

⑥ 将添加的第 1 个关键帧的指示线恢复垂直状态。向右拖动第 1 个关键帧的下端指示线，如图 5-55 所示。

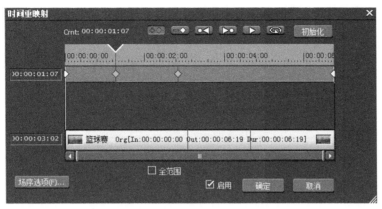

图 5-55　向右拖动第 1 个关键帧的下端指示线

⑦ 向左拖动第 2 个关键帧的下端指示线，使两条指示线相交，两个关键帧之间的部分实现逆向播放，如图 5-56 所示。

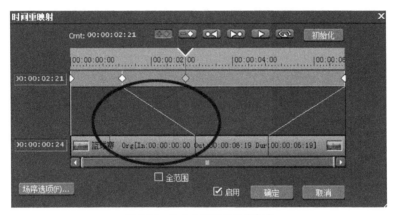

图 5-56　两个关键帧指示线相交

2．添加视频特效

在实际剪辑过程中，为素材添加视频特效是不可缺少的一个环节。在"特效"面板中，有多个视频滤镜（包括第三方插件）供我们使用，如图 5-57 所示。

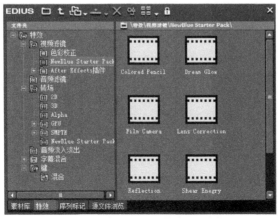

图 5-57　"特效"面板中的视频滤镜

添加视频特效的方法很简单，在滤镜列表中找到合适的滤镜，将其直接拖曳到时间线中的素材上即可，如图 5-58 所示。

添加滤镜后，在"信息"面板中显示滤镜名称。默认情况下，滤镜复选框处于勾选状态，如图 5-59 所示。

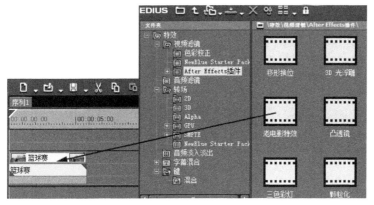

图 5-58　为素材应用滤镜　　　　　　　　　　　　　　图 5-59　"信息"面板中的滤镜名称

在"信息"面板中双击滤镜名称，即可进入滤镜设置对话框，进行参数设置，如图 5-60 所示。

图 5-60　滤镜设置对话框

> **提示**
>
> 对视频滤镜的具体操作，将在后面的章节中进行详细介绍。

3．添加音频特效

音频滤镜用于为音频素材添加某种特效，比如制造回音效果、对录制的音频进行降噪处理等。

在"特效"面板中，有多个音频滤镜（包括第三方插件）供我们使用，如图 5-61 所示。

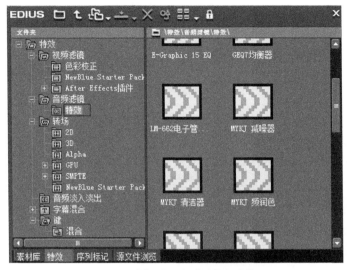

图 5-61 "特效"面板中的音频滤镜

同添加视频特效的方法一样，在音频滤镜列表中找到合适的滤镜，将其直接拖曳到时间线中的音频素材上即可，如图 5-62 所示。

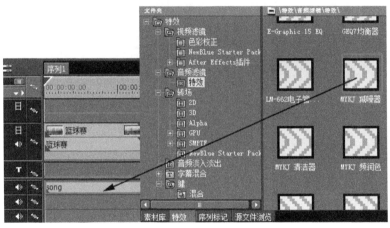

图 5-62 为素材应用音频滤镜

添加音频滤镜后，在"信息"面板中显示音频滤镜名称，如图 5-63 所示。

在"信息"面板中双击音频滤镜名称，即可进入滤镜设置对话框，进行参数设置，如图 5-64 所示。

图 5-63 "信息"面板中的音频滤镜

图 5-64 音频滤镜设置对话框

4. 创建字幕

在剪辑影片、电视剧时，字幕也是不可缺少的一部分，包括片头字幕、剧中字幕、片尾字幕等，字幕效果也是很重要的。 EDIUS 默认使用的字幕插件是 Quick Titler，同时又兼容多个字幕插件，比如 TitleMotion Pro、Heroglyph、NewBlue Titler Pro 等，不同的 EDIUS 版本兼容的字幕插件也有所不同。

在 EDIUS 中可以使用下面几种不同的方法创建字幕。

- 在"素材库"工具栏中单击"添加字幕"工具按钮 **T**，打开系统默认的 Quick Titler 界面，然后创建字幕，如图 5-65 所示。

图 5-65　默认的字幕工具

- 在"素材库"工具栏中单击"新建素材"工具按钮 📺，在其下拉列表中选择一个字幕插件，然后创建字幕，如图 5-66 所示。

- 在"时间线"工具栏中单击"创建字幕"工具按钮 **T.**，在其下拉列表中选择一个选项，然后创建字幕，如图 5-67 所示。

图 5-66　选择字幕插件　　　　　　　　图 5-67　选择字幕选项

实例:"桂林旅游"短片

本例将通过粗剪和精剪来编辑一部桂林旅游的小短片。通过短片的制作来进一步熟悉和掌握裁剪素材、为素材添加特效等操作方法。

(1)在"素材库"中导入桂林旅游的摄像机素材。

(2)将素材从"素材库"应用到时间线中的1VA轨道上,如图5-68所示。

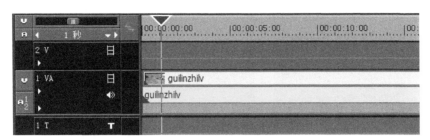

图5-68 将素材应用到时间线上

(3)单击"播放"按钮,在播放窗口中预览短片,如图5-69所示。

(4)移动时间线指示器到需要剪切的位置,单击选中素材,然后单击"添加剪切点"按钮 ,在当前位置将素材剪切开,如图5-70所示。

图5-69 预览短片

图5-70 剪切素材

(5)继续剪切素材,将整个素材分成若干个时间段,如图5-71所示。

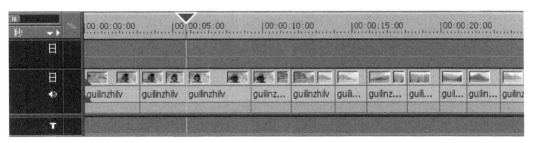

图5-71 将素材分成若干个时间段

(6)如果需要添加标记及标记注释,用鼠标右键单击时间线指示器,然后在弹出的菜单中选择"编辑标记注释"命令,打开"标记注释"对话框,输入注释内容,如图5-72所示。也可以选择"设置/清除序列标记"命令,直接添加标记。

图 5-72　添加标记及标记注释

（7）单击"确定"按钮，在时间线指示器位置处添加了一个标记，还可以添加许多标记，如图 5-73 所示。

图 5-73　添加的标记

（8）按住 Ctrl 键选中要删除的内容，单击"波纹删除"按钮 ，删除片段，后面的部分随之前移，如图 5-74 所示。

图 5-74　波纹删除片段

（9）添加转场特效。由于将素材文件剪切成了多个小片段，因此可以在各个片段的连接处添加转场效果。

（10）在"特效"面板中将转场方式选项拖曳到相邻的两个片段之间，如图 5-75 所示。

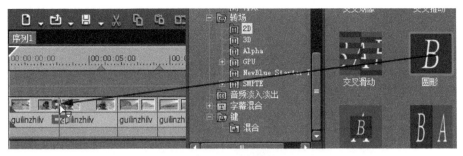

图 5-75　添加转场

（11）使用同样的方法在片段的多个连接处添加转场效果，如图 5-76 所示。

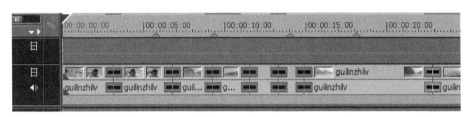

图 5-76　添加多个转场

（12）若要进行转场参数设置（有的转场不能进行参数设置），则在时间线中选中添加的转场，然后在"信息"面板中双击转场名称，打开参数设置框，根据需要进行参数设置。

（13）在"素材库"工具栏中单击"新建素材"按钮，然后在其下拉列表中选择"Quick Titler"字幕工具，如图 5-77 所示。

图 5-77　选择字幕工具

（14）打开"Quick Titler"工作界面后，制作字幕。设置字幕的动画方式为从左向右爬动，如图 5-78 所示。

图 5-78　创建字幕

（15）选择"文件→保存"命令，字幕文件自动保存在"素材库"中。

（16）使用同样的方法创建第二个字幕，如图 5-79 所示。

图 5-79　创建第二个字幕

（17）将保存在"素材库"中的两个字幕文件依次拖曳到时间线中的字幕轨道上，如图 5-80 所示。

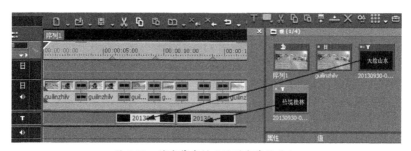

图 5-80　将字幕素材应用到字幕轨道上

（18）单击"播放"按钮，预览短片效果，其中的几帧如图 5-81 所示。

图 5-81　旅游短片中的几帧

（19）导入一段音频素材，并将其应用到时间线的 1A 轨道上，修剪其长度与短片的长度相等，如图 5-82 所示。

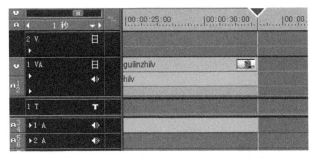

图 5-82 使用音频素材与视频的时间长度相等

(20)将 1VA 轨道中音频静音(也可以在一开始的时候将源素材中的音频删去），如图 5-83 所示。

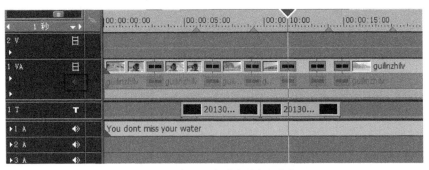

图 5-83 将 1VA 轨道中的音频静音

(21) 保存文件，并输出就可以了。

第 6 章

非常丰富的转场效果

转场就是两个画面之间的过渡。在影视后期的剪辑过程中，转场是必不可少的一种特效。EDIUS 中丰富的转场效果会让你惊叹不已，并且 EDIUS 还兼容第三方转场插件。

本章包含的主要内容如下：

> ➢ 添加转场的流程
> ➢ 更改转场的时间长度
> ➢ 转场效果的调整
> ➢ 转场的类型

6.1 转场概述

转场在后期编辑软件中的应用是很广泛的，它用来对两个画面进行特技处理，以完成场景的转换。EDIUS 中的转场类型非常丰富，在"特效"面板中展开"转场"选项，就会看到转场的类型，包括 2D、3D、Alpha、GPU、SMPTE 5 大类型，如图 6-1 所示。

如果单击前面带有圃图标的一级转场类型，比如单击"2D"选项，在右侧的面板中会罗列出该类型中包括的各个子类型。将鼠标指针移动到某个子类型上，即可预览该类型的转场动画及文字说明，如图 6-2 所示。

图 6-1 转场的 5 大类型

图 6-2 "2D"转场类型下的子类型

如果单击前面带有圖的一级类型选项，会展开该类型的二级类型，在二级类型中还包括很多三级类型，在三级类型中还包括多个子类型选项。比如 GPU 一级类型，如图 6-3 所示。

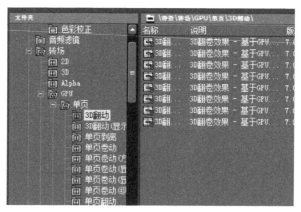

图 6-3 GPU 一级类型中包括的各级类型

综上所述，可以看到 EDIUS 中的转场类型是非常丰富的，我们会在本章后面的内容中进行详细的讲解。

6.2 添加转场的流程

1. 添加转场的流程

准备好素材后，把转场效果直接添加到素材之间即可，下面举例说明添加转场的流程。

（1）预先将素材放在特定的文件夹中，然后在素材库中导入准备好的两个素材，如图 6-4所示。

（2）将导入的素材依次添加到时间线中的 1VA 轨道上，并将时间线指示器移动到两个素材的中间，如图 6-5 所示。如果需要修剪素材，则先在"播放"窗口中修剪素材，然后将其添加到时间线中。

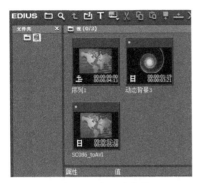

图 6-4　导入的素材

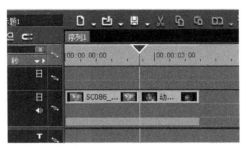

图 6-5　移动时间线指示器的位置

（3）在"特效"面板中找到合适的转场选项，然后将其拖曳到时间线上的两个素材中间，如图 6-6 所示。

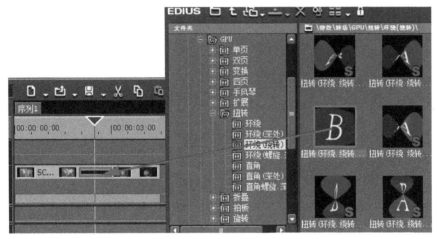

图 6-6　应用转场

（4）在"播放"窗口中单击"播放"按钮，预览转场效果，其中的几帧如图 6-7 所示。

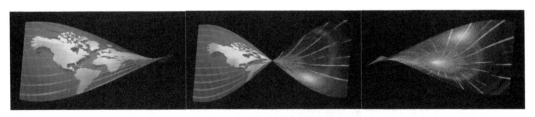

图 6-7　转场效果中的几帧

2．转场需要注意的问题

另外，对于转场还需要注意以下几个问题。

（1）将鼠标指针移动到转场的边缘，当指针改变形状后按住鼠标左键左右拖曳即可改变转场的长度，如图 6-8 所示。

（2）在同一轨道上添加的转场显示为一个灰色矩形，中间有一条黑色粗横线，表示该转场没有经过预渲染，可能会导致实时性能较差的情况。鼠标右键单击该转场，并在弹出的菜单中选择"渲染"项，系统即开始渲染，渲染完成后，灰色矩形中间的黑线会变为绿色，该转场即可实时播放，如图 6-9 所示。

图 6-8　改变转场的长度

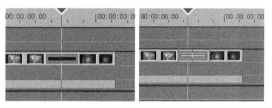

图 6-9　渲染转场

（3）在同一轨道的素材之间添加转场时特别重要的一项是素材两端是否留有余量，即素材能否再延长。没有余量的素材两端带有灰色的小三角标记，如图 6-10 所示。

（4）另外，还有一项可以设置，在菜单栏中选择"设置→用户设置"命令，打开"用户设置"对话框。查看"时间线"选项下的"应用转场 / 音频淡入淡出时延展素材"选项是否被勾选，如图 6-11 所示。

图 6-10　小三角标记

图 6-11　查看"应用转场 / 音频淡入淡出时延展素材"选项

当素材两端没有余量时，如果勾选了"应用转场 / 音频淡入淡出时延展素材"选项，则不能为素材添加转场，因为素材两端不可能再延长了。反之，不选择"应用转场 / 音频淡入淡出时延展素材"选项，添加转场后两个的素材总长度会缩短，缩短的长度即为转场的长度，如图 6-12 所示。

当素材两端有余量时，如果勾选了"应用转场 / 音频淡入淡出时延展素材"选项，添加转场后 EDIUS 会自动延展出两个素材的余量以保持两个素材的总长度。反之，不选择"应用转场 / 音频淡入淡出时延展素材"选项，添加转场后两个素材的总长度会缩短，缩短的长度即为转场的长度。

（5）如果要为不同轨道间的两段素材添加转场，可以将转场直接拖曳到 MIX 灰色区域即可，不同轨道间的转场显示为黄色灰色各半的矩形，如图 6-13 所示。

图 6-12　不选择"应用转场 / 音频淡入淡出时延展素材"选项

图 6-13　在不同轨道间添加转场

6.3 更改转场的时间长度

在 EDIUS 中所有转场的默认的时间长度都是 1 秒，虽然添加转场后可以调整其时间长度，但是如果感觉经常调整转场时的长度很麻烦的话，可以将所有转场的时长设置为自己认为合适的时间长度。

在"特效"面板中展开任意一个类型的转场，鼠标右键单击某个转场图标，然后选择"持续时间→转场"菜单命令，打开"特效持续时间"对话框，如图 6-14 所示。

在时间数值框中双击，然后按照由前到后的顺序（每两位数为一个时间单位）输入自定义的时间长度，单击"确定"按钮，即可更改所有转场的时间长度，如图 6-15 所示。

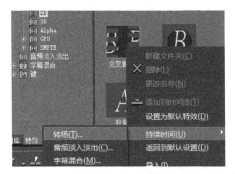 

图 6-14　打开"特效持续时间"对话框　　　　图 6-15　更改转场的持续时间

6.4 转场效果的调整

添加转场后，在转场设置对话框中调整某些选项就可以很方便地调整转场的效果。大部分转场设置对话框中的设置选项基本相似，不同类型及不同名称的转场会有些细节上的区别。在时间线中单击添加的转场，使其处于选择状态，然后在"信息"面板中双击转场名称或单击"打开设置对话框"按钮 ，即可打开转场设置对话框，如图 6-16 所示。可以根据需要在转场设置对话框中设置转场参数。

转场名称　"打开设置对话框"按钮

图 6-16　打开转场的设置对话框

但是，不同类型转场效果的设置也有所不同，下面介绍一下。

6.4.1　设置 2D 类转场效果

下面以 2D 类转场选项中的"交叉滑动"转场为例来说明该类转场参数的设置。在"特效"面板中选择"转场→ 2D →交叉滑动"转场，将其添加到时间线中的两段素材之间，然后打开其设置对话框，图标处于激活状态，如图 6-17 所示。

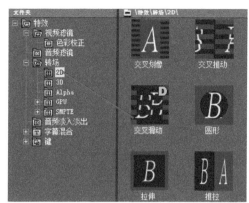

图 6-17　2D "交叉滑动" 转场及其参数选项卡

1. "参数" 选项卡

在 "参数" 选项卡中有以下几个选项。

- 样式：用于调整转场交叉样式，共有 4 种样式供选择。

- 条纹：用于设置交叉时显示的条纹数量，将鼠标指针放置在转盘上，按住鼠标左键拖曳即可改变条纹数量。或者鼠标左键单击激活 "条纹" 时钟按钮，并滚动鼠标滚轮即可调节条纹的数量。

- 平铺：用于设置 X、Y 轴方向的平铺数量。

2. "通用" 选项卡

切换到 "通用" 选项卡，如图 6-18 所示。

- 启用过扫描处理：如果转场存在一圈 "外框" 的话（其实处在安全框以外），取消对该项的勾选即可。

激活图标，在 "预设" 下拉列表中列出了交叉滑动转场的几种方式，除了 "默认" 选项外，还有 "反转"、"边界"、"到中间"、"递升" 等，如图 6-19 所示。

图 6-18　"通用" 选项卡　　　　　　　图 6-19 "预设" 下拉列表

6.4.2 设置 3D 类转场效果

下面以 3D 类转场选项中的"百叶窗"转场为例来说明该类转场参数的设置。在"特效"面板中选择"转场→ 3D →百叶窗"转场,将其添加到时间线中的两段素材之间,然后打开其设置对话框,如图 6-20 所示。

1."预设"选项卡

默认状态下,"预设"选项卡处于打开状态,在"预设"列表中列出了多个预设效果。基本上所有的转场都包含了多个预设效果,双击某个预设,就可以将该效果应用到转场中。用户也可以将自己的设置保存为自定义预设使用。

2."选项"选项卡

该选项卡中的参数如图 6-21 所示。

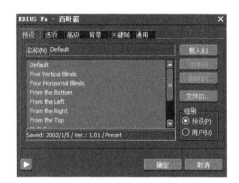

图 6-20 "百叶窗"转场设置对话框

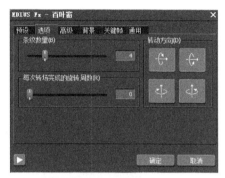

图 6-21 "选项"选项卡

每个转场由于各自的效果不同,因此在"选项"选项卡中的内容也有所不同。转场的效果主要由"选项"选项卡中的选项来控制。不同的转场在"选项"后面显示的选项卡的种类和数量也会有所不同,如图 6-22 所示。

3."高级"选项卡

切换到"高级"选项卡,如图 6-23 所示。"高级"选项卡中的选项用来对转场效果进行高级设置。

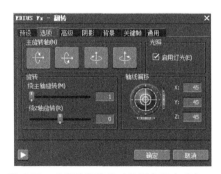

图 6-22 不同转场设置对话框中的选项卡

图 6-23 "高级"选项卡

4."背景"选项卡

"背景"选项卡的参数如图 6-24 所示。该选项卡中的选项用来设置转场中的背景效果,比如颜色,激活"颜色"按钮后,单击右侧的■■按钮,打开"色彩选择"对话框,可以选择转场背景,如图 6-25 所示。

也可以单击"位图"按钮,然后单击其右侧的■按钮,选择某个位图作为转场背景。

图 6-24 "背景"选项卡

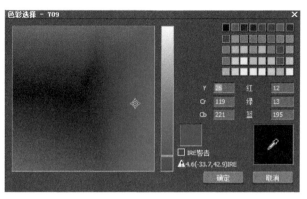

图 6-25 设置转场背景

5. "关键帧" 选项卡

"关键帧"选项卡各项参数如图 6-26 所示。该选项卡中的内容相对较为统一，使用关键帧可以调节转场完成的百分比。图表中的横轴表示时间，纵轴表示百分比。

（1）"预设"组

在"关键帧"选项卡中，"预设"的列表中列出了几种关键帧曲线样式，如图 6-27 所示。

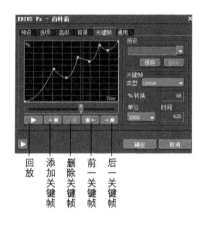

图 6-26 "关键帧"选项卡

图 6-27 预设的关键帧曲线样式列表

- Bounce twice（弹跳两次）：表示在转场过程中两段视频切换两次。

- Default（默认）：默认的关键帧曲线样式，表示为一条斜线，表示在转场时间内由一段视频匀速过渡到另一段视频。

- Half way then back（半程返回）：表示转场进行到一半时，再返回到原来的视频。

- Show down（减速）：转场速度表示为一条减速曲线。

- Speed up（加速）：转场速度表示为一条加速曲线。

- Stepwise bounce（阶跃）：表示转场阶段性的重复转场过程。

（2）"关键帧"组

在"关键帧"选项组中列出了关键帧的"类型"、"转换"百分比、"单位"和"时间"选项，如图 6-28 所示。

① 关键帧的类型是通过选择一段曲线端点的曲率，来调节曲线形状，进而调节转场的速度变化节奏，共有 4 个选项。

图 6-28 关键帧参数

- Linear（线性）：直线类型，表示匀速转场。

- Ease In（入点平缓）：曲线入点处曲率大，曲线平缓，表示转场速度变化较慢。出点处曲率小，曲线陡峭，表示转场速度变化较快。

- Ease Out（出点平缓）：曲线出点处曲率大，曲线平缓，表示转场速度变化较慢。入点处曲率小，曲线陡峭，表示转场速度变化较快。

- Ease In/Out（入/出点平缓）：曲线入点和出点处的曲率都大，曲线为 S 形，表示转场有一个加速和减速的过程。

② % 转换表示转场完成的百分比，0% 表示完全是前一段视频，100% 表示完全是后一段视频。

③ 单位和时间是用以显示当前关键帧的信息。有两种单位，即 1000 和 Frames（帧）。如果选择 1000，那么无论转场时间是多少，EDIUS 会将它平均分为 1000 份；如果选择帧，则显示当前关键帧所在的实际帧数。

6."通用"选项卡

该选项卡中包含有关于"渲染选项"的两个参数，如图 6-29 所示。"为转场应用反走样过滤器"是走样的一种形式，就是让画面存在锯齿。

图 6-29　"通用"选项卡

6.5　转场的类型

EDIUS 中的转场类型极其丰富，仅 GPU 这一类型中就有 1000 多种，这也是转场效果最多的一个类型，其他几个类型中也都含有多种转场效果（Alpha 转场类型除外，它只有一种转场效果）。在"特效"面板中单击某个转场，就可以预览该转场的动画效果。

6.5.1　2D 类转场

在 2D 类转场类型中共包含有 13 种转场效果（注意：为了便于观察，这里使用静止图像文件替代视频文件）。

1.交叉划像

A、B 图像都不动，相互进行条状穿插，如图 6-30 所示。

图 6-30　交叉划像

2．交叉推动

A、B 图像都动，相互进行条状穿插，如图 6-31 所示。

图 6-31　交叉推动

3．交叉滑动

A 图像不动，B 图像进行条状穿插，如图 6-32 所示。

图 6-32　交叉滑动

4．圆形

A 图像不动，B 图像以圆的形式进入，可以设置圆的形式、圆心位置等，如图 6-33 所示。

图 6-33　圆形

5．拉伸

A 图像不动，B 图像以矩形进入，可以由小到大，也可以由大到小，还可以沿不同方向进行拉伸，如图 6-34 所示。

图 6-34　拉伸

6．推拉

A、B 图像相互推拉，有多种推拉样式，从左向右、从上向下、从中间向两边等，如图 6-35 所示。

7．方形

B 图像以各种形式的方形替换 A 图像，如图 6-36 所示。

图 6-35　推拉

图 6-36　方形

8．时钟

B 图像以不断扩大的扇形替换 A 图像，像走动的时针一样，如图 6-37 所示。

图 6-37　时钟

9．条纹

B 图像以各种形式的条纹替换 A 图像，可以设置条纹的角度及数量等参数，如图 6-38 所示。

图 6-38　条纹

10．板块

B 图像以矩形的方式沿着一定的运动轨迹替换 A 图像，如图 6-39 所示。

图 6-39　板块

11．溶化

A 图像渐渐淡出，B 图像渐渐淡入，这是一种常用的转场方式，如图 6-40 所示。

图 6-40　溶化

12．滑动

A 图像不动，B 图像以某种形式及方向滑入，如图 6-41 所示。

图 6-41　滑动

13．边缘划像

类似于在滑动转场的基础上添加了边缘效果，可以设置边缘的颜色、角度、宽度、柔化等参数，如图 6-42 所示。

图 6-42　边缘划像

6.5.2　3D 类转场

在 3D 类转场类型中包含有 13 种转场效果。

1．3D 溶化

A 图像在 3D 空间中逐渐由大变小，并从某一时间开始淡化，直到完全透明，使 B 图像完全显示出来，如图 6-43 所示。

图 6-43　3D 溶化

2．单门

该转场就像推开一扇门一样，将 A 图像"推"开，使 B 图像完全显示出来，如图 6-44 所示。

图 6-44　单门

3．卷页

该转场就像卷起一页书一样，将 A 图像 "卷" 起，使 B 图像完全显示出来。可以设置卷页的角度、方向等，如图 6-45 所示。

图 6-45　卷页

4．卷页飞出

A 图像在卷页的同时伴随着飞出的动作，如图 6-46 所示。

图 6-46　卷页飞出

5．双门

像推开两扇门一样，将 A 图像分为两半"推"开，使 B 图像完全显示出来，如图 6-47 所示。

图 6-47　双门

6．双页

将 A 图像分为两半，同时沿着相对的方向翻起，使 B 图像完全显示出来，如图 6-48 所示。

7．四页

将 A 图像平均分为四份，从中心点向四个角翻起，使 B 图像完全显示出来，如图 6-49 所示。

图 6-48　双页

图 6-49　四页

8. 球化

先将 A 图像转化为一个球体，然后使其按照预设的路径飞出，使 B 图像完全显示出来，如图 6-50 所示。

图 6-50　球化

9. 百叶窗

这是常用的一种转场类型，可以设置其转动方向、条纹数量、背景颜色等，如图 6-51 所示。

图 6-51　百叶窗

10. 立方体旋转

将 A、B 两个图像贴在立方体的表面上，通过旋转立方体将 A 图像转场到 B 图像，如图 6-52 所示。

图 6-52　立方体旋转

11．翻转

就像将 A、B 两个图像贴在转板的正反两个面上，通过翻转转板完成转场过程，如图 6-53 所示。

图 6-53　翻转

12．翻页

就像 A、B 两个图像分别位于页面的正反两个面上，通过翻转页面完成转场过程，如图 6-54 所示。

图 6-54　翻页

13．飞出

B 图像不动，A 图像按照预设的路径及方向飞出，如图 6-55 所示。

图 6-55　飞出

6.5.3　Alpha 转场

在 Alpha 转场类型中只有 "Alpha 自定义图像" 这一种转场方式，如图 6-56 所示。

在 "特效" 面板中将 "Alpha 自定义图像" 拖曳到 "时间线" 中的两个素材中间，为它们添加 Alpha 转场。在没有加载位图图像之前，Alpha 的转场效果同 "溶化" 转场效果类似。要加载位图图像，在 "信息" 面板中双击 "Alpha 自定义图像" 名称，打开 "Alpha 自定义图像" 设置面板，如图 6-57 所示。

- 锐度：用于设置 Alpha 位图中明暗交界处的锐度，也就是图片的对比度。锐度越小，转场效果越柔和。

- 加速度：用于设置 Alpha 转场速度的变化程度。

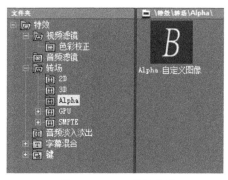

图 6-56　Alpha 转场类型

图 6-57　"Alpha 自定义图像"设置面板

在"Alpha 图像"选项卡中"Alpha 位图"栏的右侧单击██按钮，找到要加载的位图文件（.bmp文件），如图 6-58 所示。

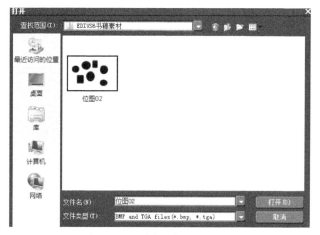

图 6-58　找到要加载的位图文件

单击"打开"按钮即可载入该位图文件（注意，这里为了使转场效果比较直观一些，所以选择了一个黑白色的位图。在加载位图文件时，只要是".bmp"或".tga"格式都可以）。

在时间线中移动时间指示器，观看转场效果，如图 6-59 所示。

图 6-59　Alpha 转场效果

从上面可以看出，在 Alpha 转场过程中，B 图像位于位图中暗色的部分先转场，亮色的部分后转场。因此，Alpha 转场实质上就是利用位图的明暗程度进行转场。

6.5.4　GPU 类转场

GPU 类转场中的转场类型最多，总共有 1000 多种。在"特效"面板中展开"GPU"项，会看到其中包括的多个类型，并且类型中还包含着子类型选项，在每一个子类型中包含了我们要使用的多个转场，如图 6-60 所示。

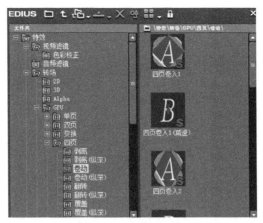

图 6-60　GPU 类转场

注意

　　由于该类转场包含的转场类型太多，这里不再一一举例介绍，将有选择性地简单介绍一些主要的、常用的转场类型。

1．"单页"类转场

在该类转场中包含了"3D 翻动"、"单页剥离"、"单页卷动"、"单页翻动"、"龙卷风"等类型的转场。

- "3D 翻动"类转场包含了从某个位置翻入或者从某个位置翻出的转场方式，共 8 种，如图 6-61 所示。

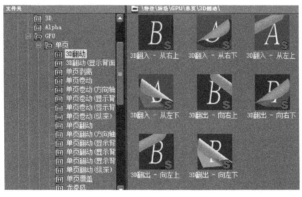

图 6-61　"3D 翻动"转场

- "单页剥离"类转场包含了向前、向后单页剥离的转场方式，共 4 种，如图 6-62 所示。

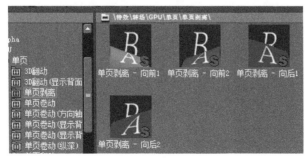

图 6-62　"单页剥离"转场

第 6 章　非常丰富的转场效果

- "单页卷动"类转场包含了从某个位置单页卷入或者从某个位置单页卷出的转场方式，共16 种，如图 6-63 所示。

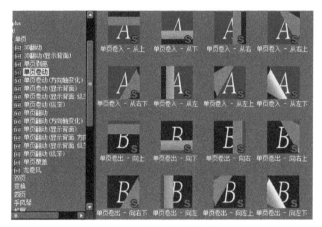

图 6-63 "单页卷动"转场

- "单页翻动"类转场包含了从某个位置单页翻入或者从某个位置单页翻出的转场方式，共16 种，如图 6-64 所示。

图 6-64 "单页翻动"转场

- "龙卷风"类转场包含了龙卷风向上卷入、向上卷出及向下卷入、向下卷出的转场方式，共 8 种，如图 6-65 所示。

图 6-65 "龙卷风"转场

2. "双页"类转场

在该类转场中包含了"剥"、"剥合"、"剥开"、"卷边"等 12 个类型的转场。

- "剥"类转场包含了从某个方向双页剥入及向某个方向双页剥离的转场方式，共 24 种，如 图 6-66 所示。

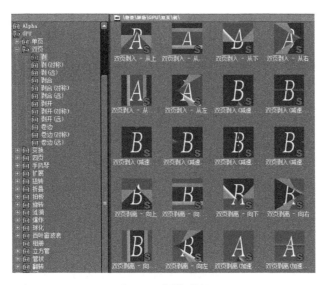

图 6-66 "剥"转场

3. "变换"类转场

在该类转场中包含了"下幅画面"、"反弹"、"回旋"、"灯光移动"等 11 个类型的转场。

- "灯光移动"类转场包含了灯光移动路径的转场方式，共 9 种，如图 6-67 所示。

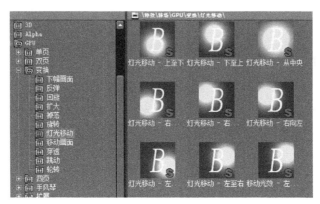

图 6-67 "灯光移动"转场

4. "四页"类转场

该类转场中包含了"剥离"、"卷动"、"翻转"、"覆盖"等 8 个类型的转场。

- "翻转"类转场包含了四页翻入、四页翻出等 12 种转场方式，如图 6-68 所示。

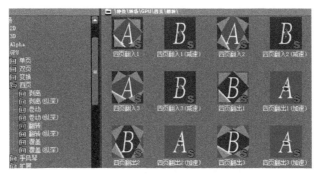

图 6-68 "翻转"转场

5. "扭转"类转场

该类转场中包含了"环绕"、"环绕（深处）"、"直角"、"直角（深处）"等7个类型的转场。

- "环绕"类转场包含了向上环绕、向下环绕、顺时针环绕、逆时针环绕等16种转场方式，如图6-69所示。

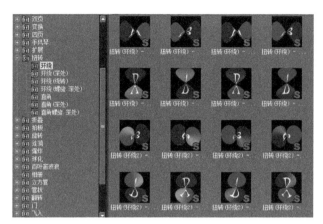

图 6-69 "环绕"转场

6. "涟漪"类转场

该类转场中包含了"3D"、"大波浪"、"小波浪"、"常规"等7个类型的转场。

- "3D"类转场包含了从不同角度进行3D涟漪的转场方式，共有9种，如图6-70所示。

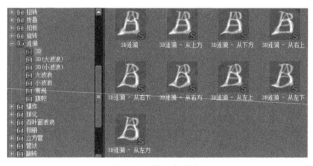

图 6-70 "3D"转场

7. "球化"类转场

该类转场中包含了"弹球"、"气球"、"球化"、"降落伞"等9个类型的转场。

- "球化"类转场包含了从不同角度球化转入及从不同角度球化转出的转场方式，共有20种，如图6-71所示。

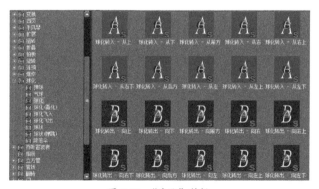

图 6-71 "球化"转场

8. "立方管"类转场

就像将图像贴在立方管的表面上，然后通过转动立方管实现转场。该类转场中包含了"常规"、"扭转"、"旋转（纵深）"、"晃动"等6个类型的转场。

- "常规"类转场包含了向上、向下或顺时针、逆时针转动的转场方式，共有4种，如图6-72所示。

图 6-72 "立方管"类"常规"转场

9. "高级"类转场

相当于对前面介绍的转场类型的一个总括，其中包括"单门"、"双页"、"扭曲"、"球化"、"翻转"等19种转场方式，如图6-73所示。

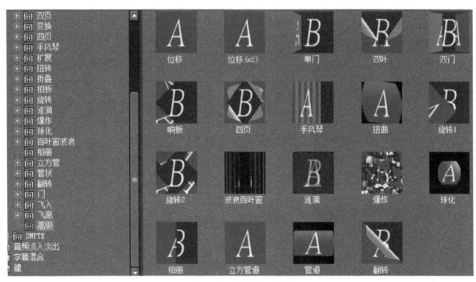

图 6-73 "高级"转场

6.5.5 SMPTE 类转场

SMPTE 类转场使用起来比较简单，因为它们没有任何设置选项。如果对转场效果的要求比较简单，不需要进行某些设置时可以直接使用 SMPTE 类型的转场。它包含了 10 个转场分类。

1. "标准划像"类

包含了 24 种标准的划像方式，分为不同形状、不同方向等划像方式，如图 6-74 所示。

2. "增强划像"类

包含了 23 种划像方式，与"标准划像"类转场相比，就是多了一些不同形状的划像效果，如图 6-75 所示。

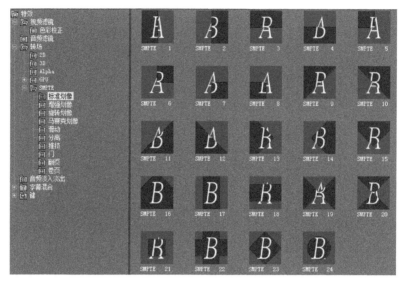

图 6-74　"标准划像"转场

图 6-75　"增强划像"转场

3."旋转划像"类

包含了 20 种划像方式，就是按照不同的旋转方式进行划像转场，如图 6-76 所示。

图 6-76　"旋转划像"转场

4."马赛克划像"类

包含了 31 种划像方式，就是按照不同的马赛克方式进行划像转场，如图 6-77 所示。

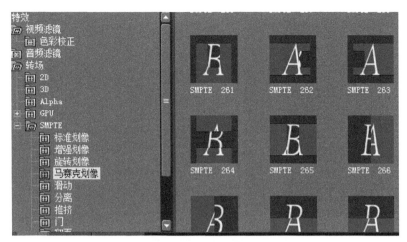

图 6-77 "马赛克划像"转场

5. "滑动"类

按照不同的滑动方向进行转场，共有 8 种滑动方式，如图 6-78 所示。

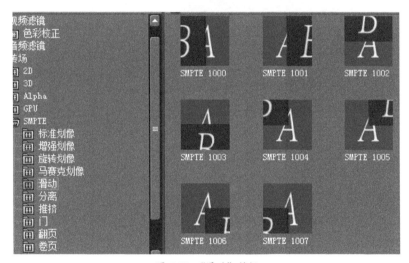

图 6-78 "滑动"转场

6. "分离"类

将 A 图像向两边或四角分离，转场到 B 图像，共有 3 种分离方式，如图 6-79 所示。

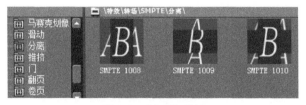

图 6-79 "分离"转场

7. "推挤"类

从不同的位置或按不同的方向推挤，从而实现转场，共有 11 种推挤方式，如图 6-80 所示。

8. "门"类

就是单门沿着不同的轴旋转，共有 6 种方式，如图 6-81 所示。

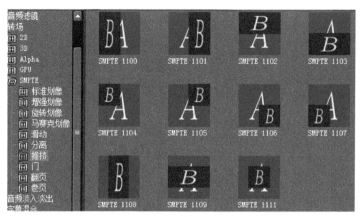

图 6-80 "推挤"转场

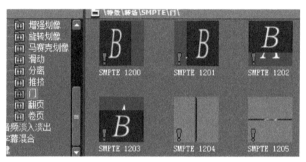

图 6-81 "门"转场

9. "翻页"类

按照不同的页数，向着不同的方向翻页，共有 15 种方式，如图 6-82 所示。

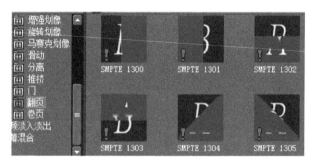

图 6-82 "翻页"转场

10. "卷页"类

按照不同的页数，向着不同的方向卷页，共有 15 种方式，如图 6-83 所示。"翻页"和"卷页"的方式是相同的，但是动作是不一样的，注意"翻页"和"卷页"的区别。

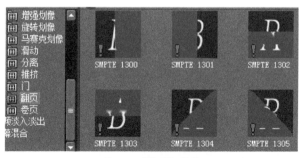

图 6-83 "卷页"转场

本例将使用几个转场滤镜，结合其他视频滤镜制作一个时而恍惚、时而清晰地在梦中遇见自己情人的梦境效果。

（1）向"素材库"中导入需要的多个素材，如图 6-84 所示。

图 6-84　导入素材

（2）将素材依次拖曳到时间线的 1VA 轨道上，使它们依次前后相连，如图 6-85 所示。

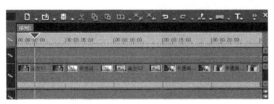

图 6-85　向时间线上应用素材

（3）鼠标右键单击左面的第一个素材，然后在弹出的菜单中选择"持续时间"选项，打开"持续时间"对话框，输入"持续时间"为 2 秒，如图 6-86 所示。

（4）单击"确定"按钮，将第 1 个画面的持续时间设置为 2 秒。使用同样的方法将其他几个画面的持续时间也设置为 2 秒。开启波纹模式，后面的素材会吸附到前一个素材的边缘上，如图 6-87 所示。

图 6-86　设置画面的持续时间

图 6-87　设置全部画面的持续时间

（5）在时间线轨道中选中某个画面素材，在"信息"面板中双击"视频布局"，打开"视频布局"设置窗口，勾选"忽略像素宽高比"复选框，使画面的大小完全充满整个"播放"窗口，如图 6-88 所示。

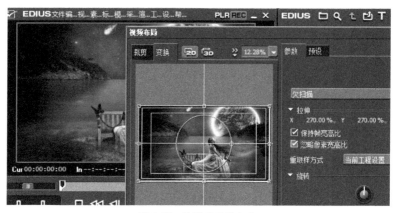

图 6-88　设置画面的大小

（6）对其他所有画面的视频布局做与上一步骤同样的处理。

（7）为时间线轨道上的第 1 个画面添加"平滑模糊"滤镜，如图 6-89 所示。

（8）在"信息"面板中打开"平滑模糊"滤镜，设置"半径"参数，如图 6-90 所示。

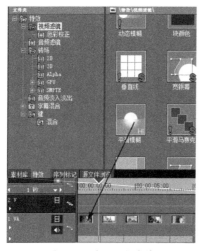

图 6-89　应用视频滤镜

图 6-90　设置滤镜参数

（9）单击"确定"按钮，为第 1 幅画面添加了平滑模糊效果，如图 6-91 所示。

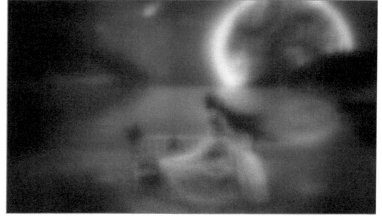

图 6-91　添加模糊效果

（10）在第 1 幅画面和第 2 幅画面之间添加"SMPTE"类"增强划像"中的"SMPTE 26"转场方式，如图 6-92 所示。

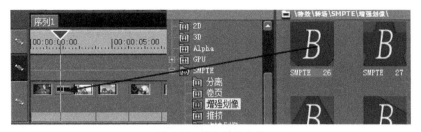

图 6-92　添加转场方式

（11）鼠标右键单击刚刚添加的转场，在弹出的菜单中选择"渲染"选项，渲染转场。

（12）分别为第 3 幅、第 5 幅画面添加平滑模糊效果，并设置其平滑参数。

（13）在第 2 幅和第 3 幅画面之间添加 3D 类中的"双页"转场方式并渲染，如图 6-93 所示。

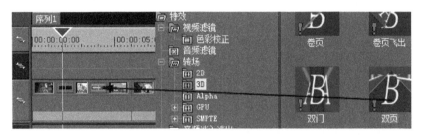

图 6-93　添加"双页"转场

（14）在第 3 幅和第 4 幅画面之间添加"涟漪"类"常规"中的"涟漪"转场方式并渲染，如图 6-94 所示。

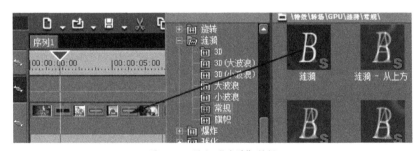

图 6-94　添加"涟漪"转场

（15）在第 4 幅和第 5 幅画面之间添加"扭转"类转场方式并渲染，如图 6-95 所示。

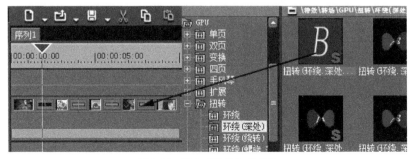

图 6-95　添加"扭转"类转场

（16）制作完成后，在"播放"窗口播放视频效果，其中的几帧如图 6-96 所示。

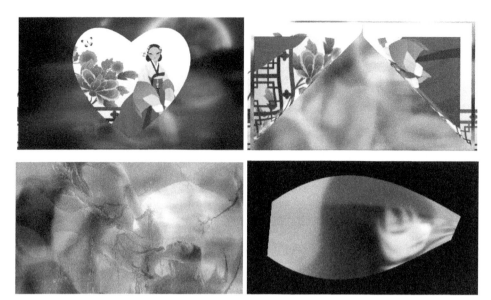

图 6-96　转场效果中的几帧

（17）最后渲染输出，并保存制作的文件。

第 7 章

能够制作出超炫效果的视频滤镜

使用视频滤镜可以制作出很酷的视频特效，而且 EDIUS 还能够兼容多款第三方视频滤镜插件。有了这些插件，对 EDIUS 来说无疑是如虎添翼。使用这些插件可以制作出更眩、更酷的视频特效。

本章包含的主要内容如下：

➢ 视频滤镜的使用

➢ 视频滤镜的类型

➢ 视频滤镜的应用

7.1 视频滤镜效果概述

视频滤镜主要是用于制作视频的各种特殊效果，有的滤镜还能调整画面的颜色和清晰度等。滤镜的操作是非常简单的，要真正用得恰到好处，才能制作出好的效果来。除了具备深厚的后期制作功底之外，还需要非常熟悉滤镜的参数设置以及滤镜的使用技巧，更需要具有极其丰富的想象力。这样，才能使滤镜发挥出它们的作用。

在"特效"面板的"视频滤镜"类目中包含有 41 个视频滤镜。另外还有 14 个"色彩校正"滤镜，也属于视频滤镜的一种，如图 7-1 所示。

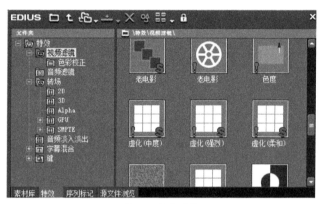

图 7-1 视频滤镜

🔍 **注意**

图标左下角带有蓝色叹号标记的滤镜不支持Alpha通道。

7.2 使用视频滤镜

要想制作出好的视频特效，就要学会如何巧妙地使用视频滤镜，比如选择什么滤镜、设置滤镜的哪些参数大小等。

7.2.1 添加和删除视频滤镜

添加视频滤镜时，在"特效"面板中选中一个视频滤镜，并将其拖曳到时间线中的目标素材上即可。添加滤镜后在"信息"面板中会显示滤镜名称，如图 7-2 所示。

要删除视频滤镜效果，在"信息"面板中选中滤镜名称，然后单击面板中的"删除"按钮✕即可。要隐藏视频滤镜或取消视频滤镜效果，在视频滤镜名称左侧复选框内取消对勾。

图 7-2 "信息"面板中显示滤镜名称

7.2.2 编辑视频滤镜效果

要编辑视频滤镜效果，在"信息"面板中选中滤镜名称，然后单击面板中的"打开设置对话框"按钮 ⚙ （或双击滤镜名称），打开相关的滤镜设置对话框，然后编辑即可，如图 7-3 所示。

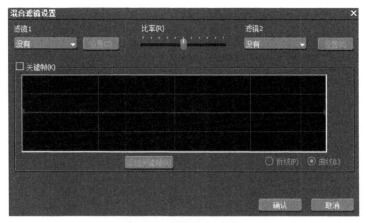

图 7-3 滤镜设置对话框

7.3 视频滤镜类型简介

在没有安装第三方插件的情况下，"特效"面板中的视频滤镜包括"视频滤镜"和"色彩校正"两大类。"视频滤镜"类滤镜主要用于为画面添加一些视频特效，比如马赛克、老电影等特殊效果。"色彩校正"类滤镜主要用于对画面进行颜色校正，比如调节画面的色度、亮度、对比度，多次对画面进行二级校色，以及转换画面的颜色等。

7.3.1 "视频滤镜"类型

在"特效"面板的"视频滤镜"类目中包含有 41 种视频滤镜类型，滤镜的效果取决于滤镜对话框中相关参数的设置。

1．中值滤镜

用来平滑画面，保持画面的清晰度，同时能够减小画面的噪点。比"模糊"类滤镜更适合来改善画质。如果使用较大的阈值，画面会显示出油画笔笔触般的效果，如图 7-4 所示。使用该滤镜时画面的效果改变不是很明显。

图 7-4 使用"中值"滤镜

2．光栅滚动滤镜

用于创建画面的扭曲变形效果，可以在设置对话框中设置"波长"、"频率"、"振幅"的关键帧，如图 7-5 所示。

3．动态模糊滤镜

用于创建画面的运动残影效果，对于运动速度越快的素材效果越明显，效果主要取决于"比率"参数值的大小。在武打影视片中使用这种效果是非常有效的，如图 7-6 所示。

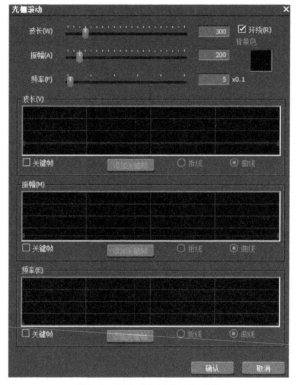

图 7-5 使用"光栅滚动"滤镜

图 7-6 使用"动态模糊"滤镜

4．块颜色滤镜

可以把画面变成单一的颜色，经常和其他滤镜结合使用，颜色效果取决于 Y、U、V 参数的调整，如图 7-7 所示。

5．垂直线、水平线和矩阵滤镜

垂直线和水平线滤镜都是矩阵滤镜的一种形式。用于对图像中的每个像素设置矩阵，使图像变得模糊或锐利。

  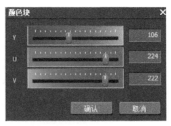

图 7-7 使用"块颜色"滤镜

"矩阵"对话框正中间的文本框代表要进行计算的像素点，周围的文本框代表相邻的像素点。在每个文本框中输入的值会与该位置像素的亮度值相乘。当前像素点的亮度值等于矩阵中的所有值相加。如果勾选"标准化"复选框，则亮度值相加后再除以 9 个值的和，当 9 个值的和为 0（除数为 0）时，则该滤镜被禁用，如图 7-8 所示。在不选择"标准化"选项且 9 个值的和为 0 时，有点类似于浮雕效果。

图 7-8 "矩阵"对话框

- "垂直线"滤镜，即垂直水平线并放大。调整"矩阵"框中的各个值以实现不同的效果，如图 7-9 所示。

图 7-9 "垂直线"滤镜

- "水平线"滤镜，即检测水平线并放大。调整"矩阵"框中的各个值以实现不同的效果，如图 7-10 所示。

图 7-10 "水平线"滤镜

"矩阵"滤镜，即默认设置下"标准"复选框被选中，且 9 个值均为 0。也可以通过调整"矩阵"框中的各个值以实现不同的效果，如图 7-11 所示。

图 7-11 "矩阵"滤镜

6．宽银幕滤镜

使用绘制遮罩的方法绘制一个长宽比得当的遮罩，将画面变为宽银幕效果，如图 7-12 所示。

图 7-12　使用"宽银幕"滤镜

7．平滑模糊滤镜

为画面添加模糊效果，"半径"值越大，模糊效果越强，与"模糊"滤镜用法相同。在创建较强的模糊效果时，使用"平滑模糊"滤镜效果更好，画面更柔和，如图 7-13 所示。

图 7-13　使用"平滑模糊"滤镜

8．平滑马赛克滤镜

为画面应用马赛克效果的同时保留拖尾。应用该滤镜后，在"信息"面板中会显示"马赛克"和"动态模糊"两个滤镜，这样，在应用马赛克效果的同时也应用了模糊效果。可以分别调整马赛克"块大小"、"块样式"参数，以及动态模糊的"比率"参数，如图 7-14 所示。

图 7-14　使用"平滑马赛克"滤镜

9．循环幻灯滤镜

在水平方向和垂直方向上滑动图像，就像循环播放幻灯片的效果一样，也类似于"走马灯"效果，如图 7-15 所示。

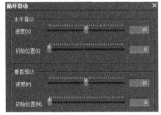

图 7-15　使用"循环幻灯"滤镜

10．打印滤镜

该滤镜是将"锐化"和"色彩平衡"两个滤镜结合起来使用，达到打印的效果，可以分别在两个滤镜的设置对话框中调整某些参数，以达到预期的效果，如图 7-16 所示。

图 7-16　使用"打印"滤镜

11．浮雕滤镜

使画面有立体感，看起来像在石板上雕刻一样。可以调整其"方向"和"深度"参数，如图 7-17所示。

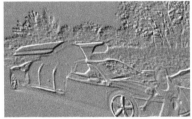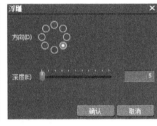

图 7-17　使用"浮雕"滤镜

12．混合滤镜

为画面同时添加两个滤镜，并将这两个滤镜按比率混合，可以为混合比率设置关键帧。该滤镜只提供两个滤镜的混合，如果要混合多个滤镜，可以嵌套使用，如图 7-18 所示。

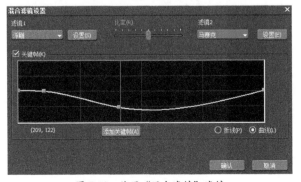

图 7-18　使用"混合滤镜"滤镜

为比率设置关键帧的操作步骤如下。

（1）确定在"混合滤镜设置"对话框中取消勾选"关键帧"复选框。

（2）将时间线指示器移动到某一预定位置，然后拖动"比率"的滑块来调节"比率"的值。

（3）在"混合滤镜设置"对话框中勾选"关键帧"复选框，单击"添加关键帧"按钮，添加一个关键帧。

（4）重复步骤（1）到步骤（3），再次添加一个关键帧。使用同样的方法可以添加多个关键帧。

注意

"关键帧"复选框处于勾选状态时，"比率"值不可调节。

13．焦点柔化滤镜

看上去类似于模糊效果，但它更类似于柔焦效果，可以为画面添加一层梦幻般的光晕，如图 7-19 所示。

图 7-19　使用"焦点柔化"滤镜

14．立体调整

在 3D 空间中调整画面的翻转、缩放等效果，如图 7-20 所示。要恢复默认设置，单击对话框底部的"初始化"按钮即可。

图 7-20　使用"立体调整"滤镜

15. 老电影滤镜

老电影滤镜是将"色彩平衡"和"视频噪声"两个滤镜结合使用,创建画面泛黄、黑、白等效果。老电影滤镜用于在画面中添加老电影中特有的帧跳动、落在胶片上的毛发、杂物等效果。这两个"老电影"滤镜配合使用,会让观众难以置信自己观看的不是真正的老电影,如图 7-21 所示。

图 7-21　使用"老电影"滤镜

16. 色度滤镜

对于画面中的同一色域应用滤镜,使用一种颜色来定义一个选择范围,并在其内部、外部和边缘使用滤镜。经常配合色彩滤镜进行二次校色,也可以反复进行嵌套使用,达到多次校色的目的。还可以配合其他滤镜使用,以达到某些特殊效果,如图 7-22 所示。

图 7-22　使用"色度"滤镜

17. 虚化滤镜

它也属于"矩阵"范畴,用于为画面添加虚化效果,分为中度虚化、强烈虚化和柔和虚化 3 种效果。

18. 视频噪声滤镜

用于为画面添加视频噪声,以增强颗粒质感。在"视频噪声"对话框中调节"比率"的值,可以实现不同的效果,如图 7-23 所示。

图 7-23　使用"视频噪声"滤镜

19．边缘检测

它也是矩阵的一种形式，使用该滤镜可以平滑画面的边缘，以得到柔和的画面边缘效果。

20．铅笔画滤镜

该滤镜用来将画面转化为铅笔素描效果，使画面看起来像是使用铅笔素描的一样，如图 7-24 所示。

图 7-24　使用"铅笔画"滤镜

21．锐化

用于锐化画面的轮廓，使画面更加清晰且丝毫可见，但同时会增加画面的颗粒感。分为锐化、中度锐化、强烈锐化、柔和锐化等形式。

22．镜像滤镜

用于镜像画面，分为水平镜像和垂直镜像，也可以同时在两个方向上镜像。在进行文字镜像时，小心造成镜头"穿帮"，如图 7-25 所示。

图 7-25　使用"镜像"滤镜

23．闪光灯／冻结滤镜

使用该滤镜可以创建闪光灯闪烁、抽帧等效果。调节"闪光灯／冻结"对话框中的各个参数，可以得到不同的效果，如图 7-26 所示。

24．防闪烁滤镜

用于降低画面的闪烁效果，对于动态较小的画面效果更好一些。注意，要在外接的监视器中才能确认其效果。

25．隧道视觉滤镜

应用该滤镜，使画面以隧道的形式显示。通过调节滤镜的参数值，可以调节隧道效果，如图 7-27 所示。

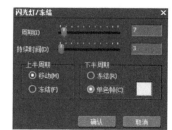

图 7-26　使用"闪光灯／冻结"滤镜

图 7-27 使用"隧道视觉"滤镜

26．马赛克滤镜

用于为画面添加马赛克效果，经常和"手绘遮罩"滤镜结合使用以创建局部马赛克效果，并可以对局部区域进行手动跟踪，如图 7-28 所示。这种滤镜在新闻采访类视频中经常使用，例如遮蔽那些不愿意在画面中露出真实面目的人。

图 7-28 使用"马赛克"滤镜

为画面添加局部马赛克的操作步骤如下。

（1）为画面添加"手绘遮罩"滤镜，并打开其设置对话框，如图 7-29 所示。

图 7-29 "手绘遮罩"滤镜设置对话框

（2）使用对话框工具栏中的"绘制椭圆"工具  在画面中绘制一个椭圆，可以根据需要改变其大小和位置。

（3）在"内部"参数栏中勾选"滤镜"复选框，然后单击其右侧的"选择滤镜"按钮 ，打开"选择滤镜"对话框，选择"马赛克"滤镜，如图 7-30 所示。

（4）单击"确定"按钮，为椭圆部分应用"马赛克"滤镜。此时，在"内部"参数栏中"滤镜"右侧显示了"马赛克"名称，如图 7-31 所示。

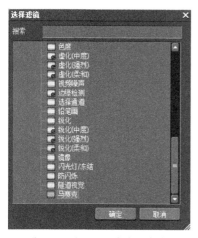

图 7-30　应用"马赛克"滤镜

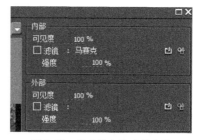

图 7-31　显示添加的滤镜名称

（5）单击滤镜右侧的"设定滤镜"按钮 ，打开"马赛克"滤镜设置框，适当地设置相关参数，然后单击"确定"按钮，如图 7-32 所示。

（6）在"手绘遮罩"滤镜对话框中单击"确定"按钮，即为画面的局部添加了马赛克效果。

图 7-32　设置滤镜效果

27．组合滤镜

使用该滤镜可以为画面同时添加多达 5 个滤镜，下方滤镜叠加到上方滤镜上产生特效。通过多个滤镜的组合应用可以得到独特的滤镜效果。注意，它与前面介绍的"混合滤镜"不同，这些滤镜不是按百分比率进行混合的。在选择滤镜后，单击后面的"设置"按钮，设置滤镜参数，如图 7-33 所示。

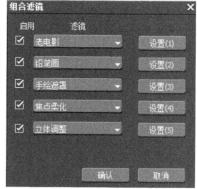

图 7-33　使用"组合滤镜"滤镜

7.3.2　"色彩校正"类滤镜

"色彩校正"类滤镜用于对画面进行色彩校正，实现画面的某种色彩效果。该类滤镜中包含有

14 种滤镜，如图 7-34 所示。

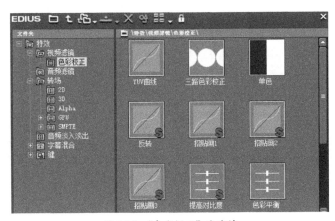

图 7-34 "色彩校正"类滤镜

1. YUV 曲线滤镜

Y 代表亮度信号，色度信号由两个相互独立的信号组成，根据颜色系统和格式的不同，两种色度信号通常被称作 U 和 V，也被称作 Pb 和 Pr 或 Cb 和 Cr。与传统的 RGB 模式相比，YUV 曲线更符合视频的传输和表现原理，大大增强了校色的有效性。

在 YUV 曲线上单击即可添加一个调节点，拖曳调节点即可调节曲线形状，曲线分为"曲线"和"线性"两种形式。要恢复 YUV 曲线的默认值，单击"默认值"按钮即可。其参数选项如图 7-35 所示。

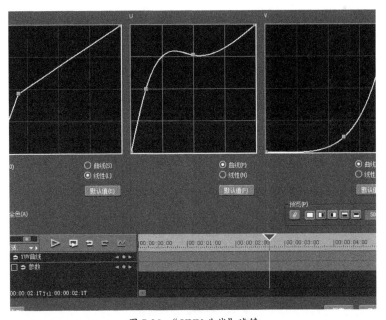

图 7-35 "YUV 曲线"滤镜

2. 三路色彩校正滤镜

可以分别控制画面的高光、中间调和暗调区域的色彩，为画面提供一次二级校色，多次使用该滤镜则可以进行多次二级校色。

在色度盘内部按住鼠标左键拖曳，移动小球可以改变 Cb 和 Cr 的值；在色度盘的边缘刻度线部分按住鼠标左键拖曳，可以改变"色调"的值。其参数选项如图 7-36 所示。

图 7-36 "三路色彩校正"滤镜

3．单色滤镜

使用该滤镜可以实现画面的单色效果，比如黑白效果。也可以通过调节 U、V 参数来实现其他颜色的单色效果。其参数选项如图 7-37 所示。

图 7-37 "单色"滤镜

4．反转滤镜

"YUV 曲线"滤镜的一种形式，该滤镜将画面的 Y、U、V 信号参数反转。其参数选项如图 7-38 所示。

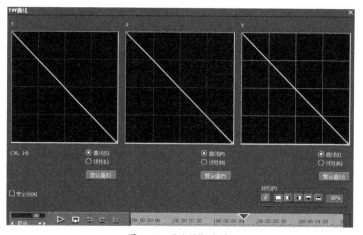

图 7-38 "反转"滤镜

5. 招贴画滤镜

"招贴画1"、"招贴画2"、"招贴画3"都是"YUV曲线"滤镜的一种形式，将画面的Y、U、V信号参数呈某种曲线形式分布，以达到某种校色目的。

- "招贴画1"滤镜，在"YUV曲线"对话框中调节Y、U、V曲线的参数值，实现"招贴画1"滤镜的滤镜效果。其参数选项如图7-39所示。

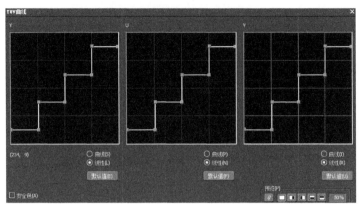

图7-39 "招贴画1"滤镜

- "招贴画2"滤镜，在"YUV曲线"对话框中调节Y、U、V曲线的参数值，实现"招贴画2"滤镜的滤镜效果。其参数选项如图7-40所示。

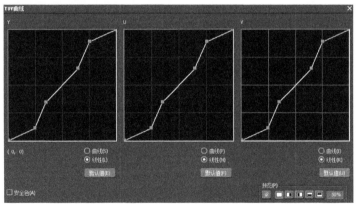

图7-40 "招贴画2"滤镜

- "招贴画3"滤镜，在"YUV曲线"对话框中调节Y、U、V曲线的参数值，实现"招贴画3"滤镜的滤镜效果。其参数选项如图7-41所示。

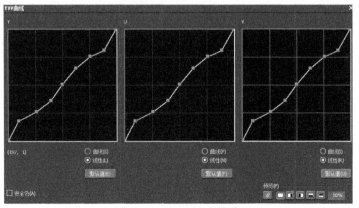

图7-41 "招贴画3"滤镜

6．色彩平衡滤镜

一是用于调整画面的色彩倾向，二是用于调整画面的色度、亮度和对比度。其参数选项如图 7-42 所示。

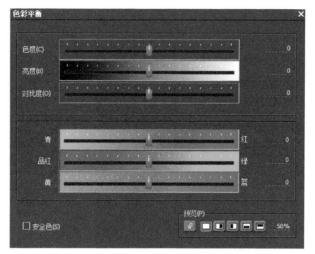

图 7- 42 "色彩平衡"滤镜

7．提高对比度滤镜

它是"色彩平衡"滤镜的一种形式，主要通过调整"对比度"的值来提高画面的对比度。其参数选项如图 7-43 所示。

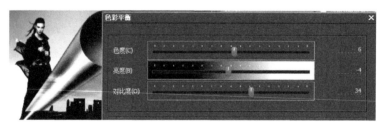

图 7-43 "提高对比度"滤镜

8.褐色滤镜

"褐色 1"、"褐色 2"、"褐色 3"都是"色彩平衡"滤镜的一种形式，主要通过调整"色度"，以及 3 种色彩的值将画面颜色调整为褐色效果。其参数选项如图 7-44 所示。

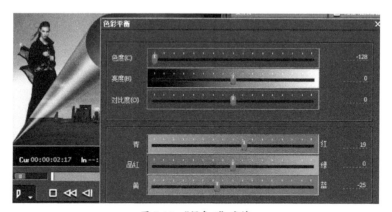

图 7-44 "褐色 1"滤镜

9. 负片滤镜

"YUV 曲线"滤镜的一种，主要是通过调整 Y 曲线的值，即改变画面的亮度以实现画面的负片效果。其参数选项如图 7-45 所示。

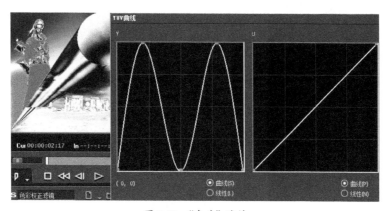

图 7-45 "负片"滤镜

10. 颜色轮滤镜

该滤镜提供了色轮的功能，可以方便地调整画面的颜色、饱和度，还可以调节亮度和对比度。按住鼠标左键在"颜色轮"上旋转可以调节色调。将鼠标指针移动到小球上，鼠标指针变为"十"字形，按住鼠标键沿半径方向移动可以调节饱和度。其参数选项如图 7-46 所示。

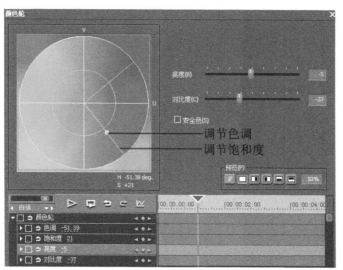

图 7-46 "颜色轮"滤镜

可以为某个参数设置关键帧，操作步骤如下。

（1）勾选参数名称前面的复选框，比如"色调"，然后将时间线指示器移动到预定位置。

（2）调节"色调"的值，单击"色调"右侧的"添加 / 删除关键帧"按钮，添加一个关键帧，如图 7-47 所示。

（3）将时间线指示器移动另一位置处，调节"色调"的值，EDIUS 会自动创建另一个关键帧，如图 7-48 所示。使用同样的方法可以添加多个关键帧。要删除关键帧，在关键帧上按鼠标右键，然后选择"删除"选项即可。

图 7-47 添加一个关键帧   图 7-48 添加另一个关键帧

提示

还可以安装和使用第三方滤镜插件来满足自己的制作需要，不再赘述。

7.4 实例：水中"映"月

本例将使用一幅含有水的画面素材和一个透明背景的"月亮"素材，加上几种视频滤镜来制作一个水中"映"月的画面效果。

（1）在 Photoshop 中制作一个透明背景的"月亮"素材，保存备用，如图 7-49 所示。

图 7-49 "月亮"素材

提示

关于Photoshop的使用，请参阅相关的书籍或咨询有关的设计人员。

（2）将需要的素材导入到 EDIUS 的"素材库"中，包括含有水的画面素材"a81"和一个透明背景的"月亮"素材，如图 7-50 所示。

（3）将含有水的画面素材拖曳到时间线的 1VA 轨道上，在"播放"窗口中可以看到画面效果。可以看到画面大小没有充满"播放"窗口，如图 7-51 所示。

（4）选中 1VA 轨道上的画面素材，在"信息"面板中双击"视频布局"，打开"视频布局"设置框，勾选"忽略像素宽高比"复选框，以改变画面在"播放"窗口中的大小，如图 7-52 所示。

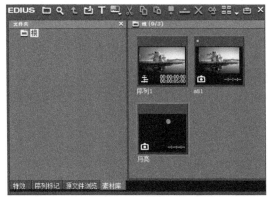

图 7-50 导入素材

图 7-51 含有水的画面效果

（5）单击"确定"按钮，关闭"视频布局"设置框。

（6）将"月亮"素材拖曳到时间线的 2V 轨道上，在"播放"窗口中显示月亮效果，如图 7-53 所示。

图 7-52 改变画面大小

图 7-53 在"播放"窗口中显示"月亮"

（7）选中 2V 轨道上的"月亮"素材，在"信息"面板中双击"视频布局"，打开"视频布局"设置框，移动"月亮"在"播放"窗口中的位置，如图 7-54 所示。

图 7-54 移动"月亮"的位置

（8）单击"确定"按钮，关闭"视频布局"设置框。

（9）为 2V 轨道上的"月亮"素材应用"YUV 曲线"色彩校正类滤镜，并在"信息"面板中双击"YUV 曲线"，打开"YUV 曲线"设置框，然后调整 Y、U、V 曲线的参数值，改变月亮的色彩效果，如图 7-55 所示。

（10）单击"确定"按钮，关闭"YUV 曲线"设置框。

（11）为 2V 轨道上的"月亮"素材应用"镜像"视频滤镜，并在"信息"面板中打开"镜像"设置框进行设置，如图 7-56 所示。

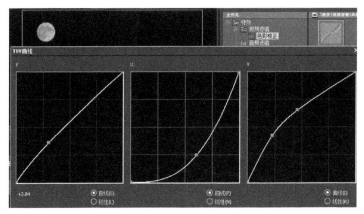

图 7-55　改变"月亮"的色彩效果

图 7-56　设置"镜像"效果

（12）单击"确定"按钮，"播放"窗口中显示的镜像效果如图 7-57 所示。

图 7-57　"镜像"效果

（13）在时间线中加一个 3V 频轨道，然后复制 2V 道中的"月亮"素材，粘贴到 3V 轨道中，如图 7-58 所示。

（14）此时，在"播放"窗口中还是一个"月亮"效果。

（15）选中 3V 道上的"月亮"素材，在"信息"面板中取消勾选"镜像"选项，"播放"窗口中显示 2 个"月亮"效果，如图 7-59 所示。

图 7-58　添加 3V 轨道和复制素材

图 7-59　取消勾选"镜像"

（16）选中 2V 轨道上的"月亮"素材，在"信息"面板中打开"视频布局"设置框，移动"月亮"在播放窗口中的位置，如图 7-60 所示。

（17）单击"确定"按钮，"播放"窗口中显示"月亮"移动效果，如图 7-61 所示。

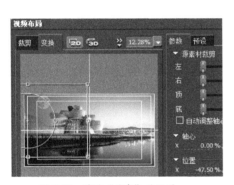

图 7-60　移动"月亮"的位置

图 7-61　"播放"窗口中的效果

（18）选中 2V 轨道上的"月亮"素材并在"信息"面板中打开"YUV 曲线"设置框，再次调整 Y、U、V 曲线的参数值，使月亮的色彩减淡，如图 7-62 所示。

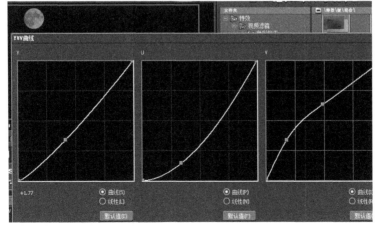

图 7-62　减淡"月亮"的色彩效果

（19）单击"确定"按钮，"播放"窗口中的最终画面效果如图 7-63 所示。

图 7-63　最终画面效果

第 8 章

缤纷的字幕

字幕是影视剧中必不可少的一部分，它在影视剧中扮演着一个十分重要的角色。电影名称、人物对白、演职员表，以及 MV 中的歌词等都需要用字幕的形式来表达。使用 EDIUS 强大的字幕功能就能制作各种各样的字幕。

本章包含的主要内容如下：

➢ 制作字幕的工具

➢ 制作字幕的流程

➢ 编辑字幕元素

➢ 创建字幕的图形对象

➢ 设置字幕动画

8.1 字幕概述

字幕是指在影视后期制作过程中加工的文字，包括片名、对白、歌词、演职员表等各种内容的文字，用来帮助观众正确理解视频内容。漂亮的字幕能吸引人的眼球，提高观众的欣赏兴趣。

EDIUS 自带了 Quick Titler 字幕软件，使用它可以制作一些简单的字幕效果，方便而快捷。为了使 EDIUS 具备更加强大的字幕图形功能，EDIUS 还兼容其他字幕软件，不同的版本兼容的字幕软件也有所不同，"NewBlue Titler Pro"是 EDIUS 6.5 兼容的一款功能比较强大的字幕软件。安装多款字幕软件后，可以将 Quick Titler 设置为默认的字幕软件。

在菜单栏中选择"设置→用户设置"命令，打开"用户设置"对话框。选择"应用→其它"选项，然后在"默认字幕工具"下拉列表中选择"Quick Titler"即可将其设置为默认的字幕软件，如图 8-1 所示。

图 8-1　设置默认的字幕软件

8.2 Quick Titler 界面简介

在时间线工具栏的"T"下拉列表中选择"Quick Titler"选项，或使用快捷键 T，打开"Quick Titler"界面，如图 8-2 所示。

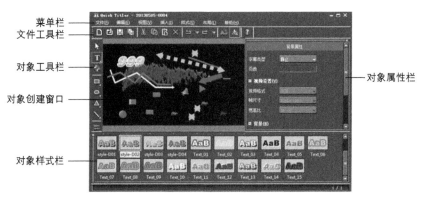

菜单栏
文件工具栏
对象工具栏
对象创建窗口
对象样式栏
对象属性栏

图 8-2　"Quicker Titler"窗口

- 菜单栏：包含了标准的 Windows 程序菜单，包括"文件"、"编辑"、"插入"等菜单命令。
- 文件工具栏：包含了常规的文件操作功能，比如"新建"、"打开"、"复制"、"粘贴"等。另外还有两个功能按钮，一个是"新样式"按钮，设置好一个文本样式后，如果感觉以后可能要经常用到它，那么可以将其作为一个新样式保存下来，以便以后随时调用。另一个是"预览模式"按钮，在制作过程中 Quick Titler 会降低文本的显示质量，使用预览模式可以看到全质量显示的文本。

- 对象工具栏：包含了创建对象、操作对象的各个工具。比如，用于创建图像的"图像"工具 ，用于创建图形的"矩形"工具 和"三角形"工具 等（各个工具的使用在下一小节介绍）。
- 对象创建窗口：用于创建、编辑、预览对象的窗口。比如，创建字幕文本、创建图形、图像等。
- 对象样式栏：用于显示要创建对象的样式，以供选择。比如，在"对象工具"栏中单击"图像"工具按钮，便会在"对象样式"栏中显示多个图像样式，以供选择。
- 对象属性栏：用于设置所创建对象的各种属性。比如，创建字幕文本后，可以在"对象属性"栏中设置文本的各种属性。
- 文本输入栏：如果没有显示文本输入栏，选择"视图→文本输入栏"菜单命令，即可在对象样式栏右侧打开文本输入栏，可以在这里输入文本，输入的文本同时显示在"对象创建窗口"中，如图 8-3 所示。

为了便于观察字幕效果，可以添加字幕背景。在"背景"栏目下选择一个选项，然后找到背景素材所在的文件路径，将其打开即可，如图 8-4 所示。

文本输入栏

图 8-3　文本输入栏

注意

添加的背景只是为了便于制作字幕，它不会影响字幕的输出。

要显示其他界面元素，比如"字幕安全区"、"栅格"等，在"视图"菜单下，选择相应的命令即可，如图 8-5 所示。

图 8-4　添加背景

图 8-5　"视图"菜单

8.3 制作字幕的工具

在对象工具栏中包含了创建字幕对象和操作字幕对象的各种工具。

- ▶ "选择"工具：用于选择"对象创建"窗口中的各种对象。单击该工具按钮，使其处于激活状态，便可以在"对象创建"窗口中选择各种对象。

- Ｔ "文本"工具：包括"横向文本"工具和"纵向文本"工具，单击"文本"工具按钮后，在底部的文本样式栏中选择一个文本样式，然后在对象创建窗口中单击并输入文本即可。

- ✚ "图像"工具：单击"图像"工具按钮，在底部的图像样式栏中选择一个图像样式，然后在对象创建窗口中单击即可添加图像。

- ▢ "矩形"工具：包括"矩形"工具和"圆角矩形"工具，单击"矩形"或"圆角矩形"工具按钮，在底部的矩形样式栏中选择一个矩形样式，然后在对象创建窗口中单击即可添加矩形。

- ⬭ "圆"工具：包括"圆"工具和"椭圆"工具，单击"圆"或"椭圆"工具按钮，在底部的样式栏中选择一个样式，然后在对象创建窗口中单击即可添加圆或椭圆。

- △ "三角形"工具：包括"等腰三角形"工具和"直角三角形"工具，用于创建等腰三角形和直角三角形。

- ✎ "线"：分为"线"和"实线"。单击"线"工具按钮，在底部的样式栏中选择一个样式，然后在对象创建窗口中单击、拖曳、单击即可创建线（即线段）。单击"实线"工具按钮，在底部的样式栏中选择一个样式，然后在对象创建窗口中单击、单击、单击……最后双击即可创建实线（即折线效果）。

- ▦ 对齐工具：分为"左对齐"、"右对齐"、"上对齐"、"下对齐"、"居中（竖向）"和"居中（横向）"。按住 Shift 键在对象创建窗口中选择多个要对齐的对象，然后单击某个对齐工具即可。

8.4 制作字幕的流程

制作字幕的流程很简单，通常分为三步：第一步输入文本；第二步编辑文本；第三步保存文本。下面以实例的形式简述制作字幕的流程。

（1）在时间线的"T"下拉列表中选择"Quick Titler"选项，打开"Quick Titler"窗口，如图 8-6 所示。

（2）在对象属性栏"背景"选项中选择"静态图像"选项，然后单击▦按钮打开"选择背景文件"对话框，如图 8-7 所示。

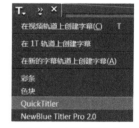

图 8-6 选择字幕软件

图 8-7 选择背景文件

（3）单击"打开"按钮，将背景文件导入到"Quick Titler"的对象创建窗口中。导入背景文件是为了观看字幕和背景的整体效果，便于编辑字幕效果。导入背景文件后不会影响字幕的输出。

（4）在对象工具栏中单击 **T** 工具按钮，在对象样式栏中选择一个文本样式，如图 8-8 所示。

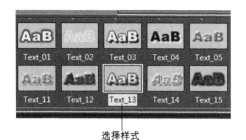

选择样式

图 8-8　选择样式

（5）在对象创建窗口中的某一位置单击，并输入文本"EDIUS"，文本周围显示文本操作框，如图 8-9 所示。

图 8-9　输入文本

（6）改变文本的大小和位置以及设置文本的其他效果（具体的操作在下一小节介绍）。

（7）设置完文本效果后，选择"文件→保存"命令，保存文本。保存的文本显示在 EDIUS 的"播放"窗口中，如图 8-10 所示。

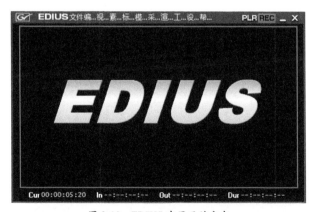

图 8-10　EDIUS 中显示的文本

（8）至此，字幕制作完成。

8.5　编辑字幕元素

输入字幕文本后，可以编辑其效果，比如文本大小、位置、填充颜色、阴影以及字幕背景等。

8.5.1　字幕安全设置

选择"视图→字幕安全区"命令，在对象创建窗口中显示字幕安全框，如图 8-11 所示。再次选择"视图→字幕安全区"命令，可以取消字幕安全框。

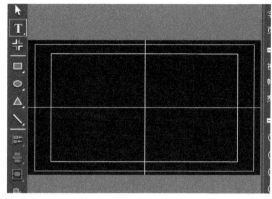

图 8-11　字幕安全设置

8.5.2　字幕栅格

字幕栅格分为点栅格和线栅格两种形式。选择"视图→栅格→点栅格"命令，在对象创建窗口中显示点栅格效果，如图 8-12 所示。

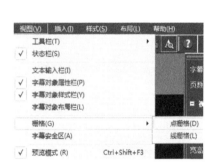

图 8-12　显示点栅格

选择"视图→栅格→线栅格"命令，在对象创建窗口中显示线栅格效果，如图 8-13 所示。

图 8-13　显示线栅格

8.5.3　编辑背景

确定字幕文本处于非选择状态，在右侧"对象属性栏"中显示的"背景属性"可以编辑背景，如图 8-14 所示。

图 8-14　背景属性

在"背景"栏中选择背景选项，比如选择"静态图像"选项，然后单击 ▦ 按钮，浏览并选择图像文件，如图 8-15 所示。

图 8-15　选择图像文件

选择图像文件后，单击"打开"按钮，便可以将选择的图像设置为字幕背景，如图 8-16 所示。

图 8-16　添加字幕背景

设置的背景效果只能显示在 Quick Titler 中，保存字幕文件后，在 EDIUS 中只显示字幕效果。

8.5.4 编辑文本属性

确定文本处于选择状态，在右侧的"对象属性"栏中显示"文本属性"，如图8-17所示。

图 8-17 显示文本属性

1．变换文本

在"变换"栏中设置 X、Y 的参数，可以改变文本的位置。设置"宽度"、"高度"的值可以改变文本的宽度及高度，如果勾选"固定宽高比"复选框，则文本的宽度和高度会同时按一定的比例改变大小。设置"字距"、"行距"的参数值可以改变文本的字距和行距。

2．设置字体

在"字体"栏中可以设置字体类型、字号的大小、文本方向，以及设置字体的加粗、斜体、下划线等效果，如图8-18所示。

在"字体"下拉列表中选择字体类型，可以改变字体类型。比如选择"微软雅黑"选项，如图8-19所示。

图 8-18 "字体"参数栏

图 8-19 设置字体类型

文本的默认排列方式为"横向"，要将文本按纵向方式排列，选择"纵向"选项即可，如图8-20所示。

3．填充颜色和透明度

在设置文本的填充颜色和透明度时，必须确定"纹理文件"复选框处于非勾选状态，否则设置填充颜色和透明度的操作无效，如图8-21所示。

要为文本设置单色，则设置"颜色"数值框中的数值为1，然后单击下面的第1个颜色小方框，打开"色彩选择"对话框，如图8-22所示。

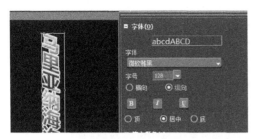

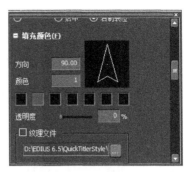

图 8-20 设置纵向文本　　　　　　　　图 8-21 "填充颜色"参数栏

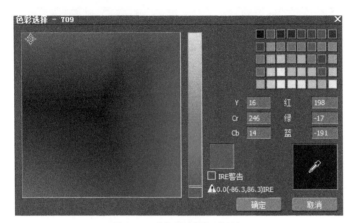

图 8-22 "色彩选择"对话框

设置颜色后,单击"确定"按钮,文本显示为设置后的颜色,这里设置为红色,如图 8-23 所示。

图 8-23 设置文本的单色效果

同样,要为文本设置两种颜色,则设置"颜色"数值框中的数值为 2,然后为下面的第 1 个、第 2 个颜色小方框设置颜色,如图 8-24 所示。

图 8-24 为文本设置两种颜色

设置多种颜色后,修改"方向"数值框中的数值,可以改变颜色的渐变方向。比如,为文本设置 3 种颜色,并将"方向"设置为 0 度,效果如图 8-25 所示。

图 8-25　设置多种颜色和方向

要设置文本的透明度，拖曳"透明度"的滑块或在数值框中设置数值即可，如图 8-26 所示。

图 8-26　设置文本透明度

4．设置纹理效果

要为文本设置纹理效果，则勾选"纹理文件"复选框，然后单击■按钮，找到目标纹理文件，如图 8-27 所示。

图 8-27　选择纹理文件

选择纹理文件后，单击"打开"按钮，即可将图像作为纹理文件添加给字幕文本，如图 8-28 所示。

图 8-28　字幕的纹理效果

5．边缘效果

勾选"边缘"复选框，在该栏中可以为字幕文本添加边缘效果，并且可以设置边缘的宽度、方向、颜色、透明度以及纹理效果，如图8-29所示。

设置"实边宽度"、"柔边宽度"的参数值，可以为文本添加边缘效果，如图8-30所示。

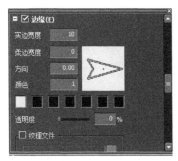

图 8-29 "边缘"参数

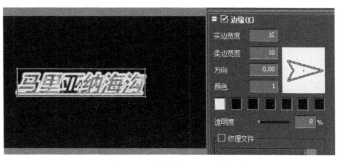

图 8-30 为文本添加边缘效果

6．阴影效果

勾选"阴影"复选框，在该栏中可以为字幕文本添加阴影效果，并且可以设置阴影的宽度、方向、颜色、透明度以及阴影的延伸方向等，如图8-31所示。

设置"实边宽度"、"柔边宽度"的参数值，其他使用默认设置，添加的阴影效果如图8-32所示。

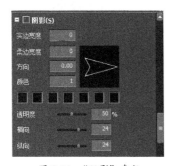

图 8-31 "阴影"参数

图 8-32 设置"阴影"参数

7．浮雕效果

勾选"浮雕"复选框，在该栏中可以为字幕文本添加浮雕效果。浮雕效果分为内部浮雕和外部浮雕两种方式，如图8-33所示。

选择"内部"选项、设置"角度"、"边缘高度"、"照明X轴"的参数值，如图8-34所示。

图 8-33 "浮雕"参数

图 8-34 内部浮雕效果

也可以设置外部浮雕效果，选择"外部"选项，然后设置相关参数的值即可，如图8-35所示。

图 8-35　外部浮雕效果

8．模糊效果

勾选"模糊"复选框，在该栏中可以为字幕文本添加模糊效果。如果为文本添加了阴影效果，还可以设置文本的模糊效果，如图 8-36 所示。

设置"文本／边缘"、"阴影"等参数值，就可以实现文本的模糊效果，如图 8-37 所示。

图 8-36　"模糊"参数

图 8-37　模糊效果

8.5.5　编辑字幕的步骤

对于制作完成并添加到时间线上的字幕对象，也可以进行原始编辑。下面简单介绍一下编辑字幕的操作。

（1）在"时间线"窗口中双击字幕对象，即可打开"Quick Titler"界面。

（2）在"文本属性"栏中勾选"固定宽高比"复选框；单击 B、I 按钮，设置粗体和斜体效果，如图 8-38 所示。

图 8-38　设置字体

（3）选择"视图→字幕安全区"命令，在对象创建窗口中显示字幕安全区域，如图 8-39 所示。

（4）确定文本处于选择状态，将鼠标指针放置在文本框的一个脚点上，指针变为双向箭头，按住鼠标左键拖曳使文本变大。

（5）将鼠标指针放置在文本上，指针变为"移动"图标，按住鼠标左键拖曳以移动文本位置，如图 8-40 所示。

图 8-39　显示字幕安全区域

图 8-40　改变文本的位置

（6）在"填充颜色"一栏中单击"颜色"选项中的颜色框，打开"色彩选择"对话框，选择要使用的颜色。

（7）勾选"边缘"、"阴影"、"浮雕"复选框，并分别调整各自的参数，效果如图 8-41 所示。

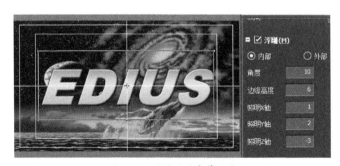

图 8-41　继续设置字幕效果

（8）还可以根据"文本属性"栏中的其他选项设置字体的其他效果。

（9）如果对当前样式感觉很满意的话，选择"文件→另存为"命令，将其保存为新样式。

（10）设置完文本效果后，选择"文件→保存"命令，保存文本。保存的文本显示在 EDIUS 的"播放"窗口中，如图 8-42 所示。

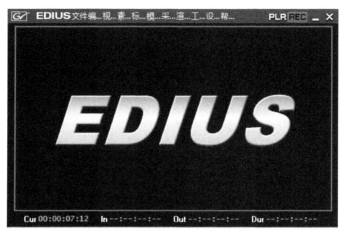

图 8-42　EDIUS 中显示的文本

8.6　创建字幕的图形对象

在创建字幕时，为了衬托字幕或达到某种效果，可以为字幕添加一些图形对象。以上面制作的字幕为例介绍一下创建字幕图形对象的具体操作。

（1）在"时间线"窗口中双击字幕对象，打开"Quick Titler"界面。

（2）在"时间线"的"1T"轨道头上单击鼠标右键，然后选择"添加→在上方添加字幕轨道"命令，打开"添加轨道"设置框，输入添加轨道的数量，然后单击"确定"按钮，如图 8-43 所示。

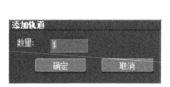
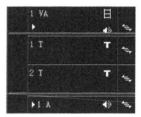

图 8-43　添加字幕轨道

> **注意**
>
> 与视频轨道不同，越是下层T轨中的对象，越位于画面的上层，这里将字幕文本放置在2T轨上，将图形对象放置在1T轨上，在画面中字幕位于图像的上层。

（3）在"时间线"工具栏中的"T"下拉列表中选择"在 1T 上创建字幕"选项，打开"Quick Titler"窗口。

（4）在"对象工具栏"中单击"图像"按钮，在对象样式栏中选择一个图像样式，这里选择"Image_12"样式。

（5）在对象创建窗口中拖曳出一个范围框，随之选择的图像样式显示在该范围框内，如图 8-44 所示。

（6）单击"保存"按钮将当前图像保存，"Quick Titler"自动关闭。保存的图像显示在EDIUS 的"播放"窗口中，如图 8-45 所示。

图 8-44 创建图形对象

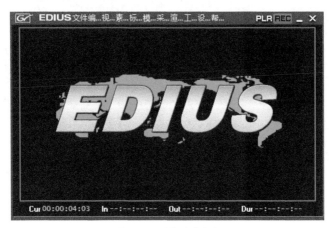

图 8-45 图像创建完成

上面创建了字幕文本和字幕图形对象，接下来为字幕设置动画效果。在"Quick Titler"中设置字幕的滚动动画，在 EDIUS 中设置字幕混合特效。

（1）在时间线的 2T 轨道上双击文本对象，打开"Quick Titler"界面。

（2）在不选择任何对象的情况下，对象样式栏中显示"背景属性"，在"字幕类型"下拉列表中选择"爬动（从左）"选项，如图 8-46 所示。创建的字幕将从左向右"爬动"。

图 8-46 设置字幕的滚动方式

（3）单击"保存"按钮 💾 保存当前操作，"Quick Titler"自动关闭。

（4）在 EDIUS 中为 1T 轨道上的图像对象添加激光特效，并延长该特效的持续时间，如图 8-47 所示。

（5）单击"播放"按钮，预览动画效果，如图 8-48 所示。

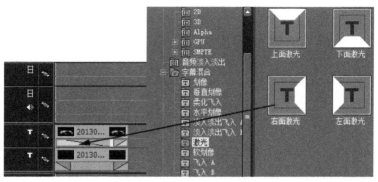

图 8-47　为图像添加特效

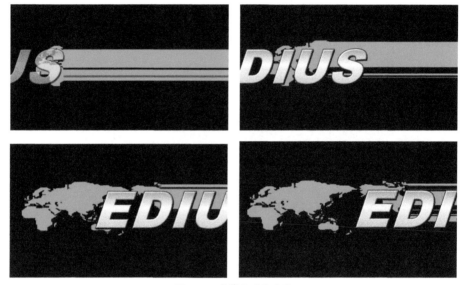

图 8-48　字幕的动画效果

8.8　其他字幕简介

因为 EDIUS 兼容多款字幕软件，它们各有特色，所以 EDIUS 具备了相当强大的字幕图形功能，为用户设计精彩夺目的字幕效果提供了极大的便利条件。这里简单介绍一下在 EDIUS 6.5 中可以使用的"NewBlue Titler Pro"字幕。

在"素材库"工具栏中单击"新建素材"按钮，然后在其下拉列表中选择"NewBlue Titler Pro 2.0"选项，如图 8-49 所示。

图 8-49　选择字幕软件

选择"NewBlue Titler Pro 2.0"选项后即可进入到其工作界面，如图 8-50 所示。

"NewBlue Titler Pro 2.0"具有非常强大的字幕功能，可以制作 3D 字幕、添加字幕特效、创建字幕动画等。"NewBlue Titler Pro 2.0"将作为字幕插件在后面的章节中进行详细介绍。

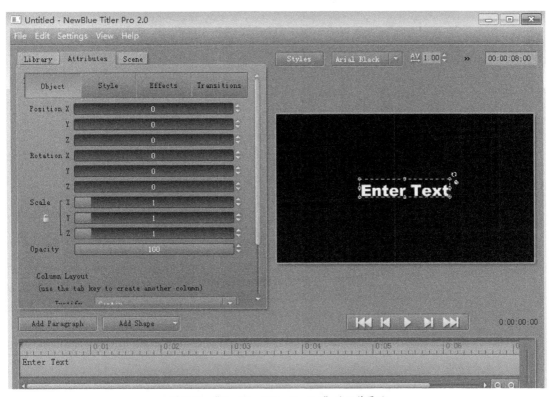

图 8-50　"NewBlue Titler Pro 2.0" 的工作界面

本例将使用 Quick Titler 制作一个字幕素材，然后在 EDIUS 中为字幕添加特效，最后制作成电影字幕。

（1）在"素材库"中导入两段视频素材，并将其添加到时间线的 1VA 轨道上，如图 8-51 所示。

图 8-51　导入和应用素材

（2）在"素材库"工具栏中单击"新建素材"按钮 ，在其下拉列表中选择"Quick Titler"选项，打开"Quick Titler"工作界面，如图 8-52 所示。

图 8-52　选择选项

（3）使用文本工具 在对象创建窗口中输入文本，并在"样式"面板中双击应用某个样式，如图 8-53 所示。

图 8-53　创建文本

（4）使用拖曳的方法改变文本的位置和大小，如图 8-54 所示。

图 8-54　改变文本的位置和大小

（5）确定文本处于选择状态，在右侧的"**文本属性**"栏中编辑文本属性。在"**填充颜色**"栏中取消勾选"纹理文件"复选框，如图 8-55 所示。

图 8-55　取消纹理效果

（6）单击"**颜色**"下面的第 1 个小方框，将颜色设置为红色，其他使用默认设置，如图 8-56 所示。

图 8-56　设置文本的填充颜色

（7）在"阴影"栏中取消勾选"阴影"复选框，取消阴影效果，其他使用默认设置，如图 8-57 所示。

（8）确定文本处于非选择状态，在右侧的"背景属性"栏中设置"字幕类型"为"爬动（从右）"选项，为文本添加动画效果，如图 8-58 所示。

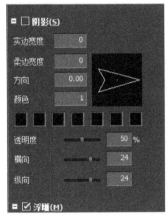

图 8-57　取消阴影

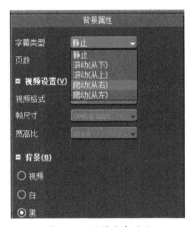

图 8-58　设置文本动画

（9）选择"文件→另存为"命令，打开"另存为"对话框，输入文件名称，如图 8-59 所示。

图 8-59　保存文件

（10）单击"保存"按钮，Quick Titler 自动关闭，保存的文件自动添加到"素材库"中，如图 8-60 所示。

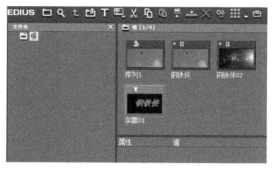

图 8-60　添加到素材库中的字幕文件

（11）在"字幕 01"素材上单击鼠标右键，然后选择"复制"命令，复制一个字幕素材。

（12）在"素材库"的空白处单击鼠标右键，然后选择"粘贴"命令，粘贴刚刚复制的字幕素材。

（13）使用鼠标右键菜单为这两个字幕素材分别重命名为"字幕 01-1"、"字幕 01-2"，如图 8-61 所示。

图 8-61　复制和重命名素材

（14）如果将字幕素材添加到时间线的字幕轨道上，将不能为其添加视频特效，因此可以将字幕放置在某个视频轨道上。将"字幕 01-1"和"字幕 01-2"都添加到 2V 轨道上，如图 8-62 所示。

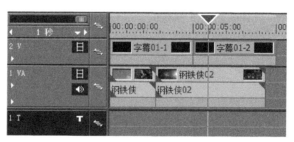

图 8-62　在时间线上添加字幕素材

（15）修剪素材，使两段字幕素材的总长度与视频片段的总长度相等，如图 8-63 所示。

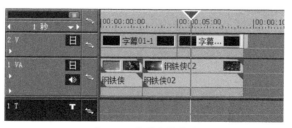

图 8-63　修剪字幕素材

（16）单击"播放"按钮，在"播放"窗口中预览字幕动画，其中的几帧如图8-64所示。

图 8-64　字幕动画中的几帧

（17）在"特效"面板中使用第三方特效插件（AE 插件）为"字幕 01-1"添加"体积光 2.5"特效，如图 8-65 所示。

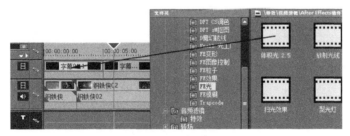

图 8-65　添加特效

（18）确定 2V 轨道中的"字幕 01-1"处于选择状态，在"信息"面板中双击"体积光 2.5"选项，打开其设置框，设置相关参数，也可以保持默认设置，如图 8-66 所示。

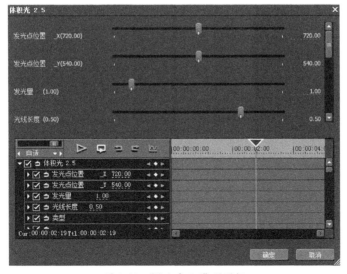

图 8-66　"体积光 2.5"设置框

（19）单击"确定"按钮，添加的体积光效果如图 8-67 所示。

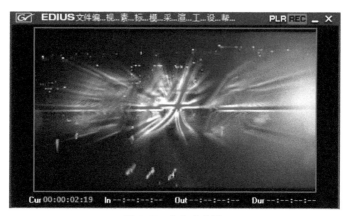

图 8-67　体积光效果

（20）单击"播放"按钮，预览字幕的动画效果，其中的几帧如图 8-68 所示。

图 8-68　字幕动画中的几帧

（21）制作完成后保存输出文件。

 注意

　　在制作字幕时，需要添加合适的背景音乐，在音频轨道中添加即可，在本书后面的内容中有详细的介绍。

第 9 章

神奇的视频合成

使用视频合成的方法，可以将不同地点、不同时间拍摄的视频在同一个镜头中播放出来。比如，创建一个回忆性的镜头或梦境般的镜头，可以将往事与现在的画面合成在一起或将梦境镜头与现实镜头合成在一起。

本章包含的主要内容如下：

➢ 视频合成概述

➢ 使用遮罩进行合成

➢ 使用键控滤镜合成使用

➢ HQ AVI 合成与输出

9.1 视频合成概述

视频合成，就是使用视频滤镜或某种方法将两个或两个以上的视频源素材合成为一个视频画面，获得某种视觉效果。视频合成在后期制作中的应用非常广泛。视频合成的方法多种多样，我们可以根据素材的实际情况以及设计的需要选择合适的方法。视频合成的方法包括透明合成、Alpha 通道合成、遮罩合成、键控合成等，EDIUS 中以键控合成为主。

9.2 使用遮罩进行合成

在使用遮罩进行合成时，需要使用"手绘遮罩"滤镜绘制遮罩，然后进行合成。下面以实例详细介绍怎样使用遮罩进行合成。

（1）在"素材库"中导入预先准备好的两段素材，并分别重命名为 a1、a2，如图 9-1 所示。

图 9-1　选用的素材 a1（左）、a2（右）

（2）将 a1 素材添加到时间线的 1VA 轨道上，将 a2 素材添加到时间线的 2V 轨道上，如图 9-2 所示。

图 9-2　添加素材

（3）在"特效"面板中选中"视频滤镜→手绘遮罩"滤镜，并将其拖曳到时间线中的 a2 素材上，在"信息"面板中显示该滤镜名称，如图 9-3 所示。

（4）在"信息"面板中双击"手绘遮罩"滤镜名称，打开"手绘遮罩"滤镜设置框，如图 9-4 所示。

（5）在工具栏中选择"缩放"工具 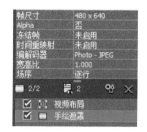 ，然后在预览窗口中按住鼠标左键拖曳以缩放图像，如图 9-5 所示。

图 9-3　应用"手绘遮罩"滤镜

图 9-4　"手绘遮罩"滤镜设置框

图 9-5　缩放图像

（6）在工具栏中选择"绘制路径"工具，然后在"预览"窗口中的图像上绘制遮罩路径，如图 9-6 所示。

图 9-6　绘制遮罩路径

（7）在"外部"区域中将"可见度"设置为0%，单击"确定"按钮，"播放"窗口中的效果如图9-7所示。

图9-7　遮罩效果

（8）再次打开"手绘遮罩"滤镜设置框，在"边缘"区域中勾选"软"复选框，并将"宽度"值设置为100px，如图9-8所示。

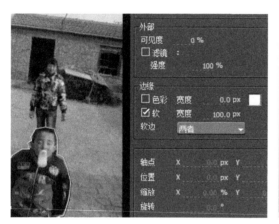

图9-8　设置软边效果

（9）单击"确定"按钮，关闭"手绘遮罩"对话框，"播放"窗口中显示的视频合成效果如图9-9所示。

图9-9　最终的遮罩效果

9.3　键控滤镜

在"特效"面板的"键"类目下可以看到3个键控滤镜，分别是亮度键、色度键和轨道遮罩，使用这些滤镜也可以实现很多的合成效果。它们分别用于亮度合成、色度合成以及轨道遮罩合成，如图 9-10 所示。

这些键控滤镜以及混合模式统一占用素材的灰色 MIX 区域，只需将选中的滤镜直接拖曳到灰色 MIX 区域即可，如图 9-11 所示。

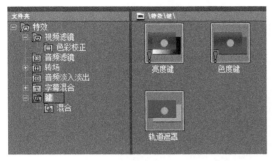

图 9-10　键控滤镜

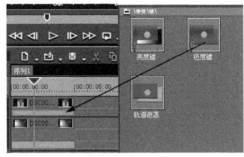

图 9-11　应用键控滤镜

要设置滤镜参数，在"信息"面板中双击滤镜名称，打开滤镜设置框进行设置即可。

1. 亮度键

亮度键是使用图像的亮度信息进行抠像，打开"亮度键"设置框，左半部分是素材预览窗口，如图 9-12 所示。

图 9-12　"亮度键"设置框左半部分

- 启用矩形选择：选择该项后，可以在素材上拖曳出一个矩形，在矩形范围内进行亮度抠像，范围以外的部分完全透明。

- 矩形外部有效：在勾选"启用矩形选择"项后，该项才可用，表示仅在矩形范围以内应用亮度键。

- 反选：反转应用亮度键的范围。比如，在图像上绘制矩形后，默认情况下矩形内的部分是应用亮度键的部分，如果勾选"反选"复选框，则为矩形以外的部分应用亮度键。

- 全部计算：勾选该项，在应用亮度键时，系统会自动计算"矩形外部有效"范围以外的范围。

"亮度键"设置框的右半部分包括"键设置"和"关键帧设置"两个选项卡，这两个选项卡下又分别包含自己相关的参数，如图 9-13 所示。

- 直方图：中央的直方图显示了当前素材的亮度分布情况。上方的两个小三角分别表示亮度下限和亮度上限，下方的两个小三角分别表示对应上限和下限的过渡。

- 斜线区域：所有被斜线覆盖的区域是被键出的区域，即透明区域。其中，交叉的斜线部分是完全透明区域，而单斜线区域则是全透明与不透明之间的过渡区域。

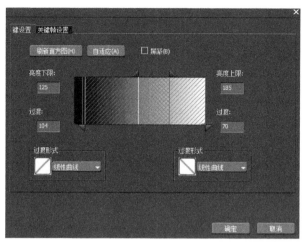

图 9-13　"亮度键"设置框右半部分

- 过渡形式：用于选择过渡区域衰减的曲线形式，包括线性曲线、顶部曲线 1、顶部曲线 2、底部曲线 1、底部曲线 2 等形式。

- 关键帧设置：如果要对亮度键应用关键帧，则选择"关键帧设置"选项卡，然后设置关键帧，如图 9-14 所示。

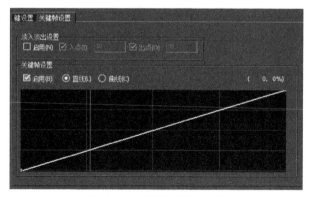

图 9-14　"关键帧设置"选项卡

下面以实例形式介绍怎样使用"亮度键"进行合成的操作步骤。

（1）在"素材库"中导入两段素材，如图 9-15 所示。我们的目的是要将文字"刻"到石头上。

图 9-15　选用的素材

（2）将这两段素材分别添加到时间线的 1VA 和 2V 轨道上，将文字素材置于上层，如图 9-16 所示。

图 9-16　添加素材

（3）选择 2V 轨道中的素材，然后在"信息"面板中双击"视频布局"，打开设置框，如图 9-17 所示。

（4）在"变换"选项卡下调整文字素材的大小和位置，然后单击"确定"按钮，如图 9-18 所示。

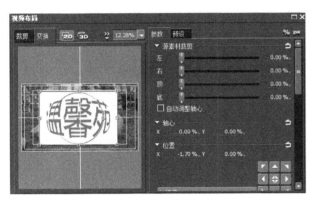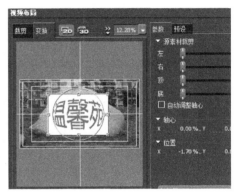

图 9-17　"视频布局"设置框　　　　　　　　　　　图 9-18　调整素材的大小和位置

（5）为文字素材应用"视频滤镜→色彩校正→YUV 曲线"滤镜，调整对比度，提高底色的亮度，如图 9-19 所示。

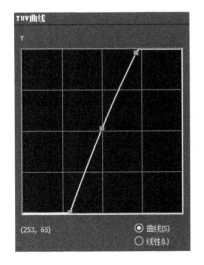

图 9-19　调整诗文底色的亮度

（6）为文字素材应用"键→亮度键"滤镜，打开"亮度键"滤镜设置框。勾选"启用矩形选择"复选框，并调整矩形的大小，如图 9-20 所示。

（7）在直方图中拖曳上方和下方的小三角，边调整边在"播放"窗口中预览抠像效果，如图 9-21 所示。

图 9-20 为素材启用矩形选择

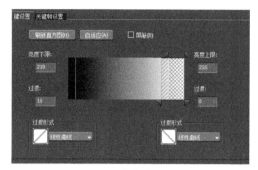

图 9-21 调整抠像效果

（8）对抠像合成效果满意后单击"确定"按钮，如图 9-22 所示。

图 9-22 抠像合成效果

2．色度键

色度键用于对一些特定的色彩进行抠像，对于虚拟演播室（蓝屏抠像、绿屏抠像）、虚拟背景的合成是非常有用的。打开"色度键"设置框，如图 9-23 所示。

图 9-23 "色度键"设置框

- 键显示：选择该项后，可以直观地观察到选取部分和未选取部分，白色代表选择的部分，黑色代表未选择的部分。

- 直方图显示：当使用"吸管"以外的其他选择工具时，预览窗口中会显示直方图，实际上就是画面中亮度的分布情况，如图 9-24 所示。

- CG 模式：当为 CG 字幕应用色度键时，启用该选项。

- 柔边：勾选该复选框，可以为键色的边缘添加柔滑过渡效果。

图 9-24　直方图

- 线性取消颜色：在进行蓝屏抠像或绿屏抠像时，启用该项可能会改善由于色彩溢出或反光造成的变色。

- 自适应：EDIUS 对选择的键出色自动进行匹配和修饰。

- 矩形选择：选择"启用"项，色度键将对矩形范围内的图像起作用，矩形范围外的部分视为全透明。

- 取消颜色：在图像的边缘添加键色或相反的颜色，进行颜色补偿。

- 自适应跟踪：选择"启用"项，可以在一定程度上自动修整抠像器键色的变化。

- 详细设置：在此选项下，可以对键色在色度和亮度方面做详细的设置。

- 关键帧设置：色度键的关键帧设置有两种方式。一是淡入淡出，可以设置入点和出点的帧数。二是在曲线上手动添加关键帧，调整曲线形态，如图 9-25 所示。要取消某个关键帧，用鼠标右键单击即可。

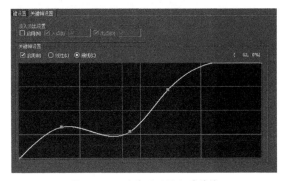

图 9-25　以曲线显示添加关键帧

下面举例说明"色度键"的具体操作方法。

（1）在"素材库"中导入两段素材，如图 9-26 所示。我们的目的是要将两个人物合成到一幅画面中。

图 9-26　选用的素材

（2）将这两段素材分别添加到时间线的 1VA 和 2V 轨道上，将男孩素材置于上层，如图 9-27 所示。

图 9-27 　往时间线上添加素材

（3）选择 2V 轨道中的素材，然后在"信息"面板中双击"视频布局"，打开设置框，如图 9-28 所示。

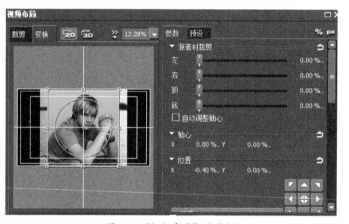

图 9-28 　"视频布局"设置框

（4）取消选择"保持帧宽高比"，在"变换"选项卡下调整男孩素材的位置，然后单击"确定"按钮，如图 9-29 所示。

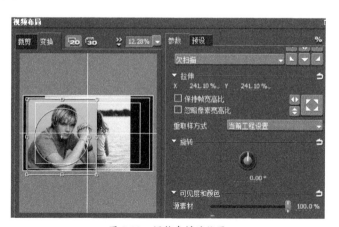

图 9-29 　调整素材的位置

（5）为男孩素材应用"键→色度键"滤镜，打开"色度键"滤镜设置框。使用"吸管"工具选择素材中的绿色背景，如图 9-30 所示。

图 9-30 键出绿色

（6）启用矩形选择，在"预览"窗口中显示一个默认大小的矩形，然后调整矩形的大小和位置，如图 9-31 所示。

图 9-31 启用矩形选择

（7）对抠像合成效果满意后单击"确定"按钮，抠像操作完成。

提示

使用轨道遮罩滤镜时，就是将素材的Alpha通道作为轨道遮罩与下面的轨道正片叠底。

9.4 混合模式

在进行视频特效合成时，比如光效、粒子等，由于 Alpha 通道的原因，如果直接将其放在视频上会出现黑边现象。在 EDIUS 中使用混合模式，通过特定的色彩混合计算将两个轨道的视频叠加在一起，可以解决这些问题。

在"特效"面板的"键→混合"类目下包含了 16 种混合模式，如图 9-32 所示。

在使用这些混合模式时，不能进行特效设置，并且对于同一个素材来说，只能使用一种混合模式。

在使用混合模式时，直接将选中的模式拖曳到素材的灰色 MIX 区域即可。

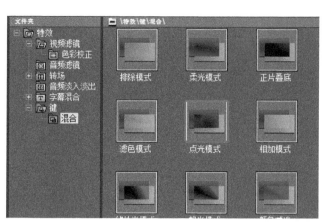

图 9-32　混合模式列表

下面以实例介绍使用混合模式的操作步骤。

（1）在"素材库"导入两段素材，如图 9-33 所示。

图 9-33　选用的素材

（2）将这两段素材分别添加到时间线的 1VA 和 2V 轨道上，如图 9-34 所示。

图 9-34　往时间线上添加素材

（3）在"特效"面板中将"叠加模式"直接拖曳到 2V 轨道中的灰色 MIX 区域中，如图 9-35 所示。

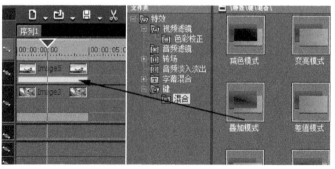 

图 9-35　应用"叠加模式"

（4）如果在"信息"面板中双击"叠加模式"，程序会打开信息提示框，提示该特效没有设置，如图 9-36 所示。

图 9-36　信息提示框

（5）应用"叠加模式"后的效果如图 9-37 所示。

图 9-37　应用"叠加模式"后的效果

下面简单介绍各个混合模式的作用和效果。

- 正片叠底：降低画面的亮度，将上下层视频正片叠底，白色与背景叠加得到原背景，黑色与背景叠加得到黑色，如图 9-38 所示。

图 9-38　"正片叠底"效果

- 减色模式：从下层视频中减去上层视频的颜色，与"正片叠底"模式的作用相类似，但效果更加强烈和夸张，如图 9-39 所示。

图 9-39　"减色模式"效果

- 叠加模式：将上下层视频叠加，画面的亮度值以中性灰（RGB 值为 128,128,128）为基点。大于中性灰时（较亮），提高背景图的亮度；小于中性灰时，背景图变暗，中性灰则不变，如图 9-40 所示。

图 9-40　"叠加模式"效果

- 柔光模式：使用柔光模式叠加上下层视频。同样以中性灰为基点，大于中性灰时，提高背景图的亮度；小于中性灰时，背景图变暗，中性灰则不变。无论是提高还是降低背景图的亮度，变化的幅度都较小，光效柔和，因此称之为"柔光模式"，如图 9-41 所示。

图 9-41 "柔光模式"效果

- 强光模式：使用强光模式叠加上下层视频。根据像素与中性灰的比较来提高或降低背景图的亮度，它的变化幅度较大，效果强烈，因此称之为"强光模式"，如图 9-42 所示。

图 9-42 "强光模式"效果

- 艳光模式：使用艳光模式叠加上下层视频。仍然根据像素与中性灰的比较来提高或降低背景图的亮度，它的效果比"强光模式"更加强烈，因此称之为"艳光模式"，如图 9-43 所示。

图 9-43 "艳光模式"效果

- 点光模式：使用点光模式叠加上下层视频。与"柔光模式"、"强光模式"的原理基本相同，只是光效程度有所差别，如图 9-44 所示。

图 9-44 "点光模式"效果

- 线性光模式：使用线性光模式叠加上下层视频。与"柔光模式"、"强光模式"的原理基本相同，也是光效程度的不同而已，如图 9-45 所示。

- 变亮模式：将上下两层视频中的像素进行比较后，使用两层视频中较亮的颜色作为混合后的颜色。因此总的颜色灰度级升高，画面变亮，如图 9-46 所示。用黑色合成图像时不起作用，用白色时仍为白色。

图 9-45 "线性光模式"效果

图 9-46 "变亮模式"效果

- 变暗模式：与"变亮模式"相反，将上下两层视频中的像素进行比较后，使用两层视频中较暗的颜色作为混合后的颜色。因此总的颜色灰度级降低，画面变暗，如图 9-47 所示。用白色合成图像时不起作用。

图 9-47 "变暗模式"效果

- 差值模式：将上下两层视频中的像素相减后取绝对值为混合后的颜色，通常用来创建类似负片的效果，如图 9-48 所示。

图 9-48 "差值模式"效果

- 相加模式：合并上下两层视频，将上下两层视频中的像素相加为混合后的颜色，所以画面会变亮，并且效果相当强烈，如图 9-49 所示。

图 9-49 "相加模式"效果

- 排除模式：使用排除模式合并上下两层视频，与"差值模式"作用类似，但效果较柔和，对比度较低一些，如图 9-50 所示。

第 9 章 神奇的视频合成

图 9-50 "排除模式"效果

- 滤色模式：该模式的主要效果是提高画面的亮度，黑色与背景叠加得到原背景，白色与背景叠加得到白色，如图 9-51 所示。

图 9-51 "滤色模式"效果

- 颜色加深：主要用于加深画面颜色，并根据叠加的像素颜色相应地增加底层的对比度，如图 9-52 所示。

图 9-52 "颜色加深"效果

- 颜色减淡：主要用于减淡画面颜色，与"颜色加深"模式的效果相反，如图 9-53 所示。

图 9-53 "颜色减淡"效果

9.5 HQ AVI 合成与输出

从 EDIUS 4 开始，HQ 编码的 AVI 能够附带 Alpha 通道信息，这样就比较容易进行一些特效的合成工作。传统的 TGA 序列或带通道的无压缩 AVI 虽然可以直接在时间线上使用，但是这样的文件往往较大不便存储，而且也不能更好地发挥系统的实时性能。实验证明：HQ AVI 要比传统的 TGA 序列或带通道的无压缩 AVI 渲染输出快一倍，并且大小是它们的 1 / 5 左右。因此，实时性好、编码质量高的 HQ AVI 将会是特效平台与剪辑平台之间一个很好的交换文件格式。

下面输出一段带通道的 HQ AVI 字幕文件，并将其用于视频合成。

（1）新建一个工程，然后将背景素材放置在时间线的 1VA 轨道上。

（2）在"素材库"中使用"添加字幕"工具 T 创建一段静态字幕，调整其样式、大小和位置等，如图 9-54 所示。

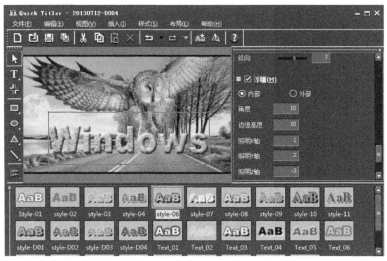

图 9-54　创建字幕

（3）在"字幕"界面中选择"文件→保存"命令，字幕文件会自动被保存在"素材库"中，如图 9-55 所示。

图 9-55　保存字幕文件

（4）在"素材库"中导入一段视频素材，作为字幕的填充文件，其画面效果如图 9-56 所示。

图 9-56　导入的视频素材

（5）按住 Ctrl 键在"素材库"中选中导入的视频素材和创建的字幕文件，然后单击鼠标右键并选择"转换→ Alpha 通道遮罩"命令，如图 9-57 所示。

图 9-57　选择"转换"命令

> 🔍 **注意**
>
> 如果这个命令无法使用，则说明选择的视频文件和字幕文件这两段素材的属性在某些项目上有差异。这些项目包括：画面大小、帧速率、宽高比、场序（"上场优先"和"逐行"组合、"下场优先"和"逐行"组合除外，不支持"上场优先"和"下场优先"的组合）、未定义持续时间的素材。

（6）在打开的"另存为"对话框中设置哪个是"**填充**"文件、哪个是"**键**"文件，如图 9-58 所示。

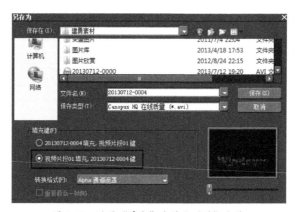

图 9-58　设置"填充"文件和"键"文件

（7）设置文件名称、文件路径等，单击"保存"按钮，开始渲染输出文件，如图 9-59 所示。在很短的时间内就可以完成。

（8）渲染输出的文件为带有 Alpha 通道信息的 HQ　AVI 文件，该文件会显示在"素材库"中，如图 9-60 所示。

图 9-59　输出文件

图 9-60　"素材库"中的 HQ AVI 文件

（9）将生成的文件直接拖曳到时间线上就可以了，带有 Alpha 通道信息的 HQ AVI 文件直接与背景素材合成，如图 9-61 所示。

图 9-61　合成效果

（10）如果对字幕的色彩效果不满意，可以使用"色彩校正"滤镜进行校正。

9.6　实例：合成片头

本例中将使用遮罩合成和键控合成的方法将几个视频片段合成为一个片头。在合成过程中，对遮罩应用关键帧以实现遮罩的变化动画，并且在制作过程中还使用到了序列嵌套。

（1）在"素材库"中导入相关的视频素材，如图 9-62 所示。

（2）将"飞行 02"、"飞行 04"片段分别添加到时间线的 1VA 轨道和 2V 轨道上，并将素材修剪为相同长度，如图 9-63 所示。

图 9-62　导入素材

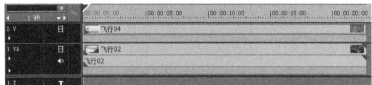

图 9-63　将素材应用到时间线

（3）在"特效"面板中将"视频滤镜"下的"手绘遮罩"滤镜应用到时间线中的"飞行 04"上，如图 9-64 所示。

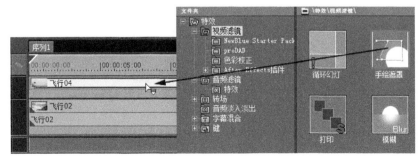

图 9-64　应用"手绘遮罩"滤镜

（4）确定时间线中的"飞行 04"处于选中状态，在"信息"面板中双击"手绘遮罩"，打开"手绘遮罩"设置框。使用"绘制椭圆"工具在预览窗口中绘制一个椭圆，并适当调整其位置，如图 9-65 所示。

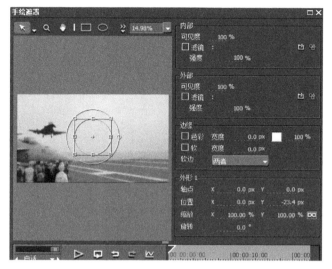

图 9-65 "手绘遮罩"设置框

（5）在"外部"参数栏中设置"可见度"为 0%，在"边缘"参数栏中勾选"软"复选框，并设置"宽度"值为 2px，其他使用默认设置，如图 9-66 所示。

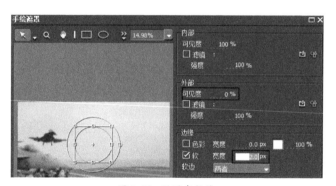

图 9-66 设置参数值

（6）此时，"播放"窗口中的遮罩效果如图 9-67 所示。

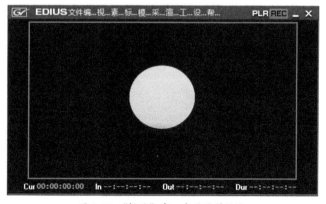

图 9-67 "播放"窗口中的遮罩效果

（7）将时间线指示器移动到时间线的初始位置处，在"手绘遮罩"设置框底部的参数栏中展开"外形1→变换→缩放"参数，并勾选"缩放"复选框，如图9-68所示。

（8）将X、Y值均设置为0%，然后单击"缩放"栏中的关键帧按钮 ，建立该参数的第1个关键帧，如图9-69所示。

图9-68　展开各级参数

图9-69　建立"缩放"参数的第1个关键帧

（9）将时间线指示器移动到预定位置处，然后在预览窗口中将遮罩范围放大，直到充满整个窗口，此时建立了"缩放"参数的第2个关键帧，如图9-70所示。

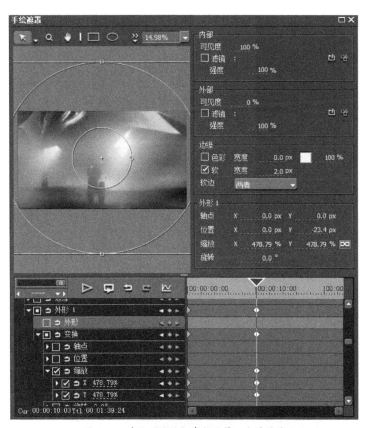

图9-70　建立"缩放"参数的第2个关键帧

（10）单击"确定"按钮，关闭"手绘遮罩"设置框，在"播放"窗口中预览遮罩动画，其中的两帧如图9-71所示。

（11）在2V轨道头上单击鼠标右键，选择相关的命令在2V视频轨道上方添加3V视频轨道。

（12）从"素材库"中将"飞行06"素材应用到时间线的3V轨道上，并修剪其长度，如图9-72所示。

图 9-71 "遮罩"动画中的两帧

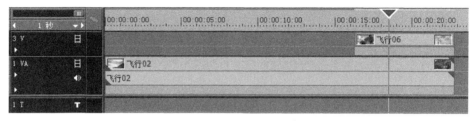

图 9-72 向 3V 轨道中添加素材

（13）使用同样的方法为 3V 轨道中的"飞行 06"片段添加"手绘遮罩"滤镜。在"手绘遮罩"设置框的预览窗口中绘制遮罩，调整其大小和位置，并设置相关参数，如图 9-73 所示。

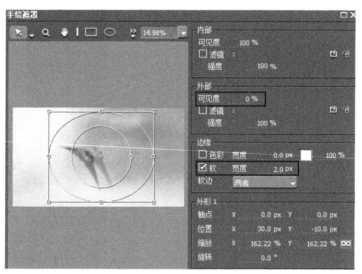

图 9-73 绘制遮罩和设置参数

（14）将时间指示器移动到"飞行 06"片段的入点位置处，建立"缩放"参数的 第 1 个关键帧，如图 9-74 所示。

图 9-74 建立第 1 个关键帧

（15）在时间线中将播放指示器移动到 20 秒位置处，然后在"手绘遮罩"设置框将"缩放"参数的 X、Y 值设置为 0%，建立第 2 个关键帧，如图 9-75 所示。

图 9-75　建立第 2 个关键帧

（16）单击"确定"按钮，关闭"手绘遮罩"设置框，在"播放"窗口中预览第 2 个遮罩动画，其中的两帧如图 9-76 所示。

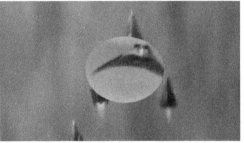

图 9-76　第 2 个"遮罩"动画中的两帧

（17）在时间线工具栏中单击"新建序列"按钮，新建"序列 2"。将"序列 1"从"素材库"中添加到"序列 2"中的 1VA 轨道上，也就是将"序列 1"嵌套在"序列 2"中，如图 9-77 所示。

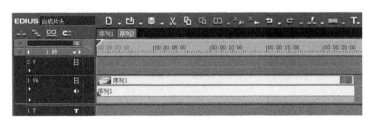

图 9-77　将"序列 1"嵌套在"序列 2"中

（18）从"素材库"中将素材"飞行 05"添加到时间线的 2V 轨道上，并修剪其长度，如图 9-78 所示。

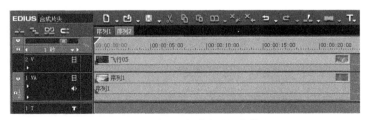

图 9-78　向 2V 轨道中添加素材

（19）在"特效"面板中选择"键→混合→柔光模式"，并将其应用到时间线中的"飞行 05"片段上，如图 9-79 所示。

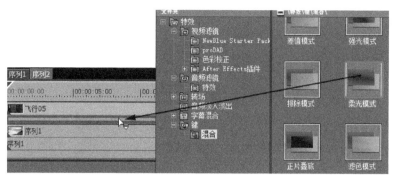

图 9-79 应用"柔光模式"

（20）至此，合成片头制作完成，在"播放"窗口中预览片头效果，其中的几帧如图 9-80 所示。

图 9-80 合成片头中的几帧

（21）最后制作字幕，保存并输出文件。

第 10 章

音频我更爱

在录制节目时，现场录制的声音是不"干净"的，也就是带有噪音。有的声音质感不好或者需要添加声音特效等，都需要进行后期处理。因此，在后期制作过程中，音频剪辑与视频剪辑同等重要。

本章主要介绍以下内容：

➢ 音频的添加

➢ 音频的编辑

➢ 使用音频转场

➢ 使用音频滤镜

10.1 音频概述

同其他后期编辑软件一样，EDIUS 也具有音频编辑功能，并且它的音频编辑功能非常强大。它能够制作 5.1 声道、能够支持和输出多种格式的音频文件。它的多音频轨功能为音频编辑提供了很大的方便。在 EDIUS 中，可以进行视音频分离、添加音频转场、添加音频特效等。EDIUS 支持 WAV、MP3、AIFF 以及多声道 AC3 格式的音频文件。推荐使用 WAV 文件作为标准的后期编辑使用文件。

10.2 添加音频

添加音频可以分为两种情况，一种是添加纯音频素材，即不带视频的音频；另一种是添加带有视频的音频。添加音频时，可以将计算机硬盘中已有的音频素材导入到"素材库"中，也可以从 CD 中采集音频。

10.2.1 从"素材库"中导入音频素材

（1）在"素材库"窗口中单击"导入素材"按钮 ，打开素材所在的文件夹，选择要导入的音频素材，如图 10-1 所示。

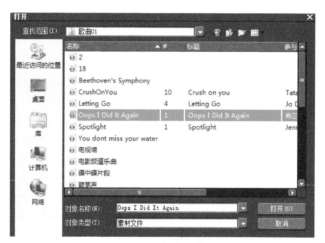

图 10-1　选择音频素材

（2）单击"打开"按钮，将选择的音频素材导入到"素材库"中。

从"素材库"中导入音频素材后，添加音频最直接的方法是将音频文件直接拖曳到时间线的 1VA 轨道或某个音频轨道上，如图 10-2 所示。

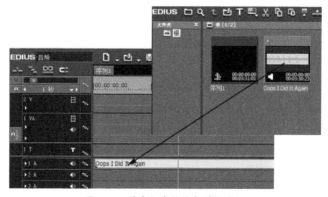

图 10-2　将音频直接拖曳到轨道上

如果素材的持续时间太长，可以截取素材，操作方法如下。

（1）在"素材库"面板中双击导入的音频素材，在"播放"窗口中打开该素材，如图 10-3 所示。

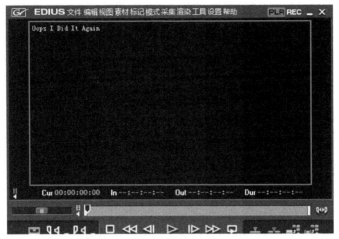

图 10-3　在"播放"窗口中打开音频素材

（2）单击"播放"按钮 ▷ 或将播放指针移动到某一位置，设置入点，然后再将播放指针移动到另一个位置设置出点，如图 10-4 所示。

图 10-4　设置入点和出点

（3）在"播放"窗口中按住鼠标左键将素材拖曳到时间线的预定轨道上，或在"素材库"面板中将截取后的素材拖曳到时间线的预定轨道上，如图 10-5 所示。

图 10-5　截取的素材

当添加的音频为带有视频的音频时，如果将其添加到 1VA 轨上，则"播放"窗口中显示视频；如果将其添加到某个音频轨上，则不显示视频。

10.2.2 从 CD 中采集音频素材

在 EDIUS 中，可以导入 CD 音乐数据作为视频的背景音乐。

（1）将 CD 光盘放入计算机光驱中。

（2）在 EDIUS 中打开"源文件浏览"窗口，在"音频"类目下单击"H"项，在右侧的列表中会显示 CD 中的曲目列表，如图 10-6 所示。

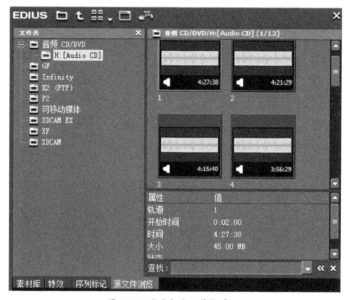

图 10-6 "源文件浏览"窗口

（3）用鼠标右键单击要选取的曲目，在弹出的菜单中选择"播放"命令，可以预听音频效果。在鼠标右键菜单中选择"停止"或"暂停"命令，可以停止播放或暂停播放。

（4）选中要导入的曲目，在工具栏中单击"添加并传送到素材库"按钮，即可将该曲目添加到素材库中。也可以在鼠标右键菜单中选择"添加并传输到素材库"命令，将素材添加到"素材库"中，如图 10-7 所示。

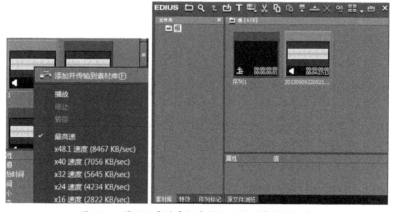

图 10-7 将 CD 中的音频素材添加到"素材库"中

（5）将"素材库"中的音频素材添加到时间线的预定轨道上就可以编辑了。

10.3 预听音频

导入音频素材后，要试听音频效果，则在"素材库"面板中双击素材，然后在"播放"窗口中单击"播放"按钮▶就可以听到音频效果了。或者将素材添加到时间线的预定轨道上后单击"播放"窗口中的"播放"按钮▶。

10.4 编辑音频的基本操作

将音频添加到时间线上之后，就可以进行编辑了。比如，调节音量和声相、视音频分离、设置单声道和立体声等。

10.4.1 添加剪切点

如果需要剪切轨道上的音频素材，可以使用"添加剪切点"工具将其剪切为两部分或更多个部分。在轨道面板中选定音频所在的轨道（或直接选中音频素材），将时间线指示器移动到合适位置，然后单击"添加剪切点"工具按钮▮，将音频剪切为两部分，重复操作可以继续添加剪切点，如图 10-8 所示。

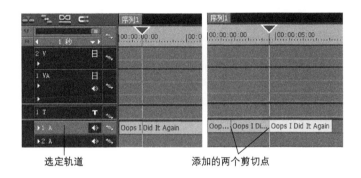

图 10-8 添加剪切点

10.4.2 切换波形的显示形式

单击音频轨道头左侧的小三角按钮，将轨道展开，可以看到音频的波形，如图 10-9 所示。按 Ctrl+ 数字键盘上的"+"或"－"可以调整时间线的显示比例，以便更容易地看清楚波形，有利于编辑人员根据音乐节奏定位视频的剪辑点。

图 10-9 显示的音频波形

在 EDIUS 中，默认设置下音频波形是以对数形式显示的，在其他非线性编辑软件中波形一般是以线性形式显示的。如果感觉对数形式的波形不容易判断出声音的强弱，可以将波形切换为线性形式。

在菜单栏中选择"设置→用户设置"命令，打开"用户设置"对话框。选择"应用→时间线"选项，然后在"波形"区域中选择"线性"选项，如图 10-10 所示。

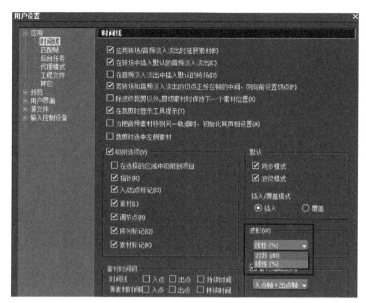

图 10-10 选择"线性"选项

单击"确定"按钮，音频波形即显示为线性形式，如图 10-11 所示。

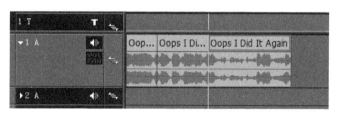

图 10-11 线性波形

在对数形式的波形中，对音频的调节线呈曲线走势，过渡效果比较柔和；而在线性形式的波形中，对音频的调节线呈线性直线走势，过渡效果就会差一点，如图 10-12 所示。

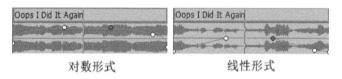

对数形式　　　　　　　线性形式

图 10-12 对数形式和线性形式的比较

10.4.3 编辑音量和声相

展开音频轨道后，在"音频静音"图标 下面显示"音量／声相"图标 。单击一次，激活 VOL（音量）控制线（波形中的橙色线）；再单击一次，激活 PAN（声相）控制线（波形中的蓝色线），如图 10-13 所示。

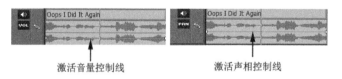

激活音量控制线　　　　　　　激活声相控制线

图 10-13 激活音量或声相控制线

要调节音量或声相控制线，将其激活后，在其控制线的某一位置处单击即可添加一个调节点，然后拖曳调节点即可。以音量线为例，如图 10-14 所示。

图 10-14　调节音量线

按住 Ctrl 键拖曳调节点可以在垂直方向上进行精确调节，按住 Shift 键拖曳调节点只能在水平方向上调节。

还可以使用数值来移动调节点，鼠标右键单击调节点，选择"移动"选项，打开"调节点"设置框，调节"值"或"时间码"的数值，然后单击"确定"按钮即可，如图 10-15 所示。

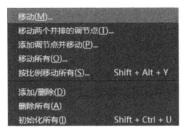

图 10-15　使用数值移动调节点

10.4.4　调音台

"调音台"用于对剪辑中所有音频的音量做统一的调节，即调整音量均衡，比如调低背景音乐的音量、调高旁白的音量。使用调音台还可以在回放时间线的同时实时调整音量。

在时间线工具栏中单击 ❖ 按钮，然后选择"切换调音台显示"选项，打开"调音台"面板，如图 10-16 所示。

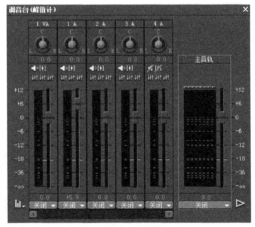

图 10-16　打开"调音台"面板

"调音台"面板中的音轨与时间线中的轨道是一一对应的，主音轨代表最后的输出效果。

1．音轨的调节方式

调音台的音轨有 5 种调节方式，单击轨道底部的"关闭"按钮即可展开方式列表，如图 10-17 所示。

- 轨道：该方式统一调节整条轨道的音量，但不能进行动态调节，即无法记录调节过程。

图 10-17　调节方式

- 素材：当同一个轨道上包含多个音频素材时，使用该项可以单独调整时间线指示器所在素材的音量。

- 锁定：统一调节整条轨道的音量，随着推子的移动，EDIUS 将自动记录关键点。使用该方式时，在第一次没有按下鼠标键之前，键盘的调节是无效的，对原有音频不进行重写。只有单击鼠标键后，键盘的调节方式才起作用。

- 触及：该方式统一调节整条轨道的音量，随着推子的移动，EDIUS 将自动记录关键点。使用该方式时，只有在按下鼠标键调节推子时才对原有音频进行重写，松开鼠标键后，推子自动返回到原始音量位置，原有音频内容不变。

- 写入：统一调节整条轨道的音量，随着推子的移动，EDIUS 将自动记录关键点。使用该方式时，无论在推子上是否按下鼠标键，始终都会对音量信息进行重写。

调整推子时，使用数字键盘的向上或向下的方向键或使用鼠标中键滚轮，每次可调整 1dB ；按住 Shift 键＋向上或向下的方向键或鼠标中键滚轮，每次可调整 0.1dB。

2．音量电平的安全范围

试听音频时，音量电平计中会显示不同的颜色，可以根据颜色来判断音量电平值的安全程度，如图 10-18 所示。

青色，表示音量电平值处于安全范围之内。橙色和黄色表示音量电平已接近临界点，某些音乐歌舞节目允许瞬间达到这个值。红色表示超出安全的音量电平值，会对播出设备和播出效果造成严重影响，应尽量避免。

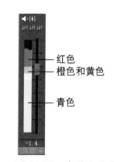

图 10-18　音量电平计

3．调音台中的两种计量方式

调音台中的计量方式分为"峰值表"和"VU 表"两种形式，上面介绍的是峰值表。在调音台的左下角单击 ，然后选择"VU 表"切换到该方式下，如图 10-19 所示。

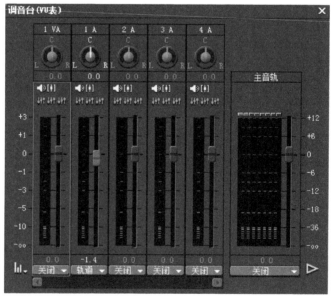

图 10-19　切换到 VU 表

"VU 表"是一种平均值表，它反映的并不是瞬时的实际音量，但是它显示的音量和人们所能觉察到的响度基本一致。

"峰值表"可以对信号做出极快的反映。一般情况下，峰值表的上升时间为 10 毫秒，而回落时间是 4 秒。快速的上升时间可以对持续时间极短的信号做出正确的反映，而缓慢的回落时间可以使制作人员有充足的时间去关注信号峰值。

10.4.5 视音频分离

在剪辑过程中，我们使用的素材往往是视频和音频组合在一起的。由于剪辑的需要，有时候可能要用其他的音频来匹配视频，或者需要替换一段视频而音频不变，这都需要分别对视频和音频单独进行操作。分离视频和音频的方法有两种：一是使用菜单命令，二是使用"组 / 链接模式"按钮 📧。

1．使用菜单命令分离视频和音频

（1）将一段包含视频和音频的素材添加到 1VA 轨道上，如图 10-20 所示。

（2）在 1VA 轨道中的素材上单击鼠标右键，然后在打开的关联菜单中选择"连接 / 组→解锁"命令，如图 10-21 所示。

图 10-20　添加素材

图 10-21　选择菜单命令

（3）解锁后，单独选中视频或音频，然后拖动就可以看到视频和音频分开了，如图 10-22 所示。

如果要将解锁后的视频和音频重新锁定，则按住 Ctrl 键选中 1VA 轨道中的视频和音频，单击鼠标右键，然后选择"连接 / 组→锁定"或"连接 / 组→设置组"命令即可。

如果将素材直接添加到视频或音频轨道上，比如添加到 2V 轨道上，则素材中的视频和音频会自动占据各自的轨道，如图 10-23 所示。

图 10-22　视频和音频分开

图 10-23　将素材添加到视频轨道上

在时间线中用鼠标右键单击素材，然后选择"连接 / 组→解组"命令，也可分离视频和音频。同样使用"连接 / 组→设置组"命令即可将视频和音频组合在一起。

2．使用"组 / 链接模式"按钮 📧 分离视频和音频

"组 / 链接模式"按钮处于 📧 状态时，表示时间线中源素材的视频和音频是组合在一起的，不能单独编辑视频或音频。单击 📧，会显示一道红色的斜线 📧，表示时间线中的视频和音频内容是分离的，可以分别对它们进行操作，如图 10-24 所示。

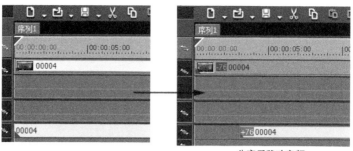

分离后移动音频

图 10-24　分离视频和音频

10.4.6　添加和删除音频轨道

在音频轨道面板中选定某个轨道头，单击鼠标右键，然后可以进行添加或删除音频轨道的操作，如图 10-25 所示。

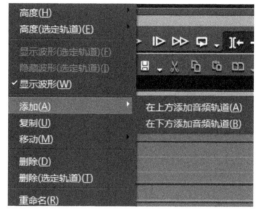

图 10-25　添加音频轨道选项

10.4.7　单声道和立体声

大多数音频文件都是使用的单声道或立体声的，因此设置两个声道（左声道和右声道）就可以了，调节左右声道的方法有以下 4 种。

1. 使用音频轨道的 Pan 声相调节线

在音频轨道头中单击"音量 / 声相"图标███，激活 VOL（音量）控制线，再单击一次，激活 PAN（声相）控制线（波形中的蓝色线）。默认设置下，声相控制线位于波形的中央，即使用左右两个声道，如图 10-26 所示。

图 10-26　激活声相控制

在声相控制线上单击鼠标右键，在弹出的菜单中选择"至左边"命令，将蓝色声相控制线移到左声道上，即只使用左声道。此时，声相控制线位于波形的顶端，如图 10-27 所示。

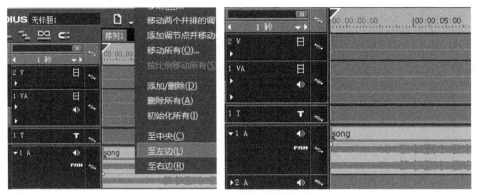

图 10-27　只使用左声道

如果在鼠标右键菜单中选择"至右边"命令，声相控制线会移动到波形的底端，即只使用右声道，如图 10-28 所示。

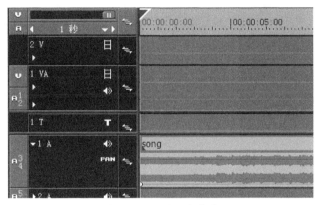

图 10-28　只使用右声道

2．使用音频滤镜

在 1A 轨道中添加一段音频素材，然后选择"音量电位与均衡"滤镜并将其应用到音频素材上，如图 10-29 所示。

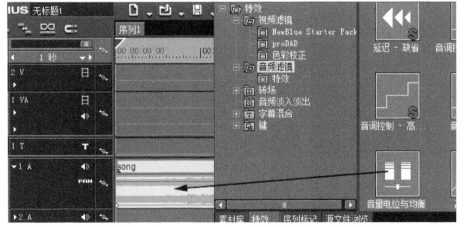

图 10-29　应用音频滤镜

在"信息"面板中双击"音量电位与均衡"滤镜，打开"音量电位与均衡"设置框，如图 10-30 所示。

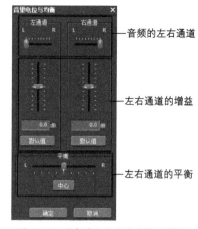

- 音频的左右通道：代表音频文件本身的左右两个通道，左右可以交换。将左通道的滑块移到最右边，就变成了右通道。将右通道的滑块移到最左边，就变成了左通道。

- 左右通道的增益：代表左右声道输出音量的大小。

- 左右通道的平衡：调节左右声道输出时的声相平衡。

3．轨道声道映射

默认设置下，音频轨道使用的是双声道，即立体声。可以将其转化为单声道。鼠标右键单击音频轨道头左侧的"A"字样区域，打开右键菜单，此时"音频源通道"项显示为双声道标志（表示此时音频轨道为双声道）。选择该项后，双声道标志切换为单声道标志（表示此时音频轨道为单声道），如图 10-31 所示。

图 10-30 "音量电位与均衡"设置框

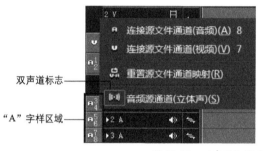
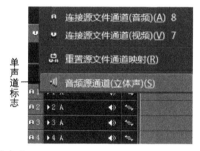

图 10-31 双声道切换为单声道

双声道切换为单声道后，将立体声音频文件添加到音频轨道中，软件会自动分离出左右声道，如图 10-32 所示。

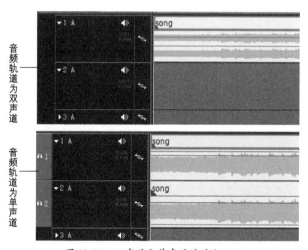

图 10-32 双声道和单声道的对比

 注意

轨道声道映射只对轨道切换以后再放入其中的音频文件有效。

4．声道映射工具

使用声道映射工具更直观。在时间线中用鼠标右键单击"序列"选项卡，比如"序列1"，在弹出的菜单中选择"序列设置"命令，打开"序列设置"对话框，如图10-33所示。

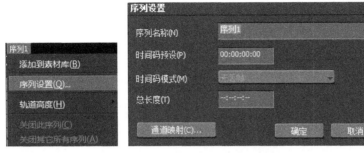

图10-33　打开"序列设置"对话框

单击"通道映射"按钮，打开"音频通道映射"对话框，如图10-34所示。这是默认的显示方式（这里使用的是双声道工程）。

单击左下角的"切换显示方式"按钮 ，切换到更直观的显示方式，如图10-35所示。

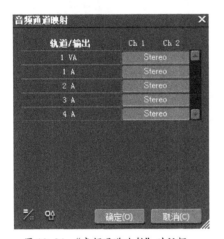

图10-34　"音频通道映射"对话框

图10-35　切换显示方式

行中列出了工程中所有带音频的轨道（1VA、1A、2A、3A、4A），每个轨道都分为L和R，即左声道和右声道。列中列出了输出的声道Ch1和Ch2，即最终的输出声道Ch1和Ch2。

从图中可以看出，1VA左声道最终输出为左声道(Ch1)、1VA右声道最终输出为右声道(Ch2)。1A左声道最终输出为左声道（Ch1）、1A右声道最终输出为右声道（Ch2）……以此类推。

可以通过勾选来确定原音频与最终输出音频的映射关系，如图10-36所示。

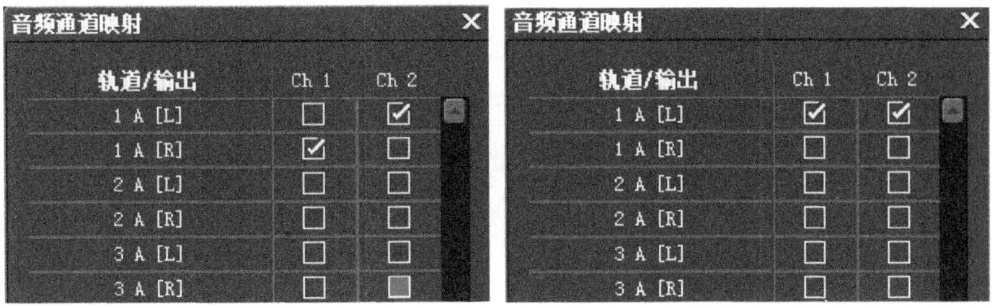

图10-36　改变输出声道

图 10-36 所示的左图表示：1A 左声道最终输出为右声道（Ch2）、1A 右声道最终输出为左声道（Ch1），即左右声道交换输出。图 10-36 所示的右图表示：1A 左右声道最终输出为音频的原有左声道。

声道映射工具可以直观地进行左右声道的分离、交换、复制等，并且它拥有最终控制声道输出关系的权利，即最终输出的左右声道是以声道映射工具的设置为标准的。由此可以看出，声道映射工具是 EDIUS 用户控制音频声道的终极工具。

10.4.8　制作 5.1 声道

5.1 声道实际上需要 6 条声道，因此需要新建一个多声道工程，在"工程设置"里可以选择一个 8 声道的工程预设，如图 10-37 所示。

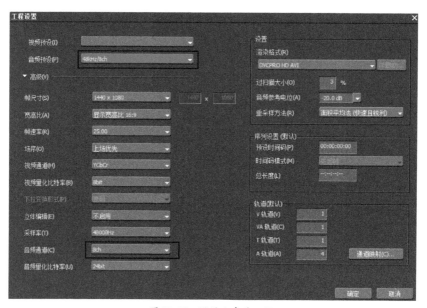

图 10-37　设置 8 声道工程

在输出文件之前打开声道映射工具，依次将各个轨道的音频映射到各个声道上，如图 10-38 所示。

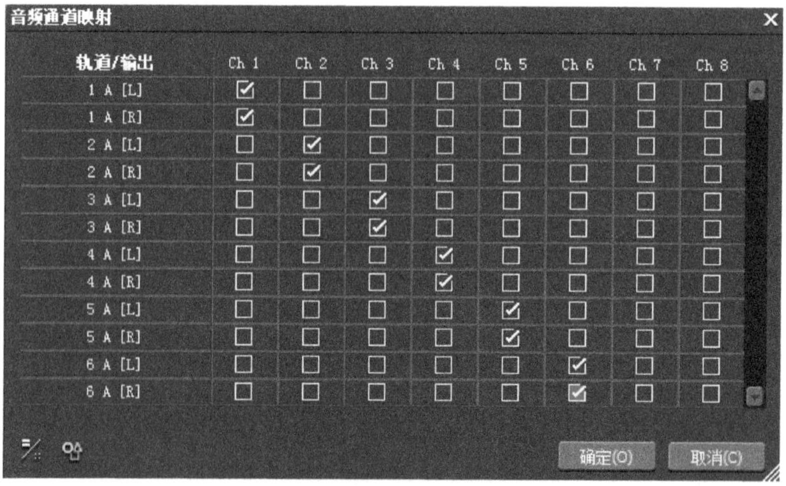

图 10-38　"音频通道映射"对话框

输出文件时使用杜比 5.1 多声道，在"输出到文件"对话框中选择"Dolby Digital（AC-3）5.1ch 640kbps"，如图 10-39 所示。

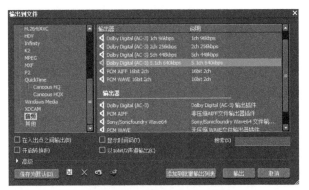

图 10-39　选择杜比 5.1 多声道

　　单击"输出"按钮，然后在打开的保存对话框中设置保存路径、文件名，单击"保存"按钮，就可以输出了，如图 10-40 所示。

图 10-40　设置保存路径、文件名

　　输出后的文件会自动显示在"素材库"的素材列表中。将制作的 5.1 声道音频文件拖曳到音频轨道中，如图 10-41 所示。

图 10-41　制作的 5.1 声道音频文件

10.4.9　声道的最终输出

EDIUS 在声道最终输出时设置为以下状态。

- 单声道音频文件：Ch1=C（代表中央声道）。

- 立体声音频文件：Ch1=LF（代表左声道）、Ch2=RF（代表右声道）。

- 5.1 声道音频文件：Ch1=LF（代表前置左声道）、Ch2=RF（代表前置右声道）、Ch3=C（代表中置声道）、Ch4=LFE（代表低音声道）、Ch5=LS（代表环绕左声道）、Ch6=RS（代表环绕右声道）。

10.5　使用音频转场

同视频转场一样，在两段音频素材之间也可以添加转场效果，EDIUS 中的音频淡入淡出就是音频转场。在"特效"面板包含了 7 种"音频淡入淡出"方式，如图 10-42 所示。

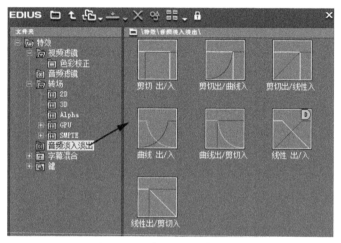

图 10-42　"音频淡入淡出"方式

同添加视频转场一样，将"音频淡入淡出"方式直接拖曳到两段音频素材之间的连接处即可，如图 10-43 所示。

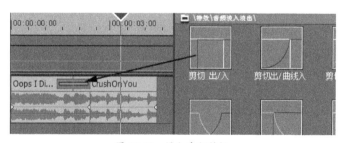

图 10-43　添加音频转场

- 剪切出 / 入：前一段音频在转场末端以"硬切"方式结束，后一段音频在转场起始端以"硬切"方式开始。两段音频在转场持续时间内直接混合在一起，效果比较"生硬"。

- 剪切出 / 曲线入：前一段音频在转场末端以"硬切"方式结束，后一段音频在转场起始端以曲线方式音量渐起。

- 剪切出 / 线性入：前一段音频在转场末端以"硬切"方式结束，后一段音频在转场起始端以线性方式音量渐起。

- 曲线出 / 入：前一段音频以曲线方式在转场末端渐出，后一段音频在转场起始端以曲线方式音量渐起。两段音频混合较为柔和，但中间部分总体音量较低。

- 曲线出 / 剪切入：前一段音频以曲线方式在转场末端渐出，后一段音频在转场起始端以"硬切"方式开始。

- 线性出 / 入：前一段音频以线性方式在转场末端渐出，后一段音频在转场起始端以线性方式音量渐起。

- 线性出 / 剪切入：前一段音频以线性方式在转场末端渐出，后一段音频在转场起始端以"硬切"方式开始。

对于音频转场的某些设置，比如渲染、持续时间等，与视频转场的操作方法都是相同的，这里不再赘述。

10.6　使用音频滤镜

为音频添加滤镜后，可以使其达到某种效果。比如，添加"变调"滤镜，可以将原音频进行简单变调。EDIUS 6.5 版本中共有 16 个音频滤镜，其中有些滤镜属于同一种类型，因此这些滤镜可以分为 8 大类型，如图 10-44 所示。

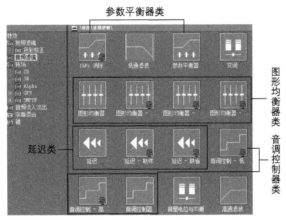

图 10-44　音频滤镜类型

① 低通滤波：用于除去音频中相对的高音部分。低于设定频率的信号可以有效传输，而高于该频率的信号将被滤波器截止而受到很大的衰减。"低通滤波"参数如图 10-45 所示。

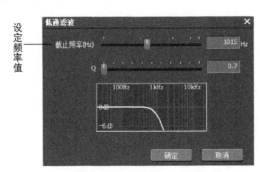

图 10-45　"低通滤波"设置框

② 高通滤波：用于除去音频中相对的低音部分。高于设定频率的信号可以有效传输，而低于该频率的信号将被滤波器截止而受到很大的衰减。"高通滤波"参数如图 10-46 所示。

③ 变调：用于简单的变换音调，但同时保持音的播放速度。"变调"参数如图 10-47 所示。

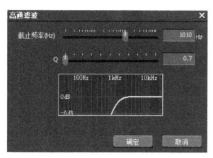

图 10-46 "高通滤波"设置框　　　　　　　图 10-47 "变调"设置框

④ 延迟：　用于设置声音的回声效果，增强听觉的空旷感。"延迟"参数如图 10-48 所示。"延迟 - 取样"、"延迟 - 缺省"都是"延迟"滤镜的不同设置方式，它们的参数选项都是一样的。

⑤ 音量电位与均衡：用于分别调节音频的左右声道和各自的音量。这是经常使用的一个音频滤镜，其参数如图 10-49 所示。

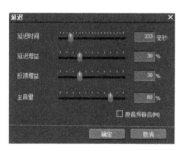

图 10-48 "延迟"设置框　　　　　　　图 10-49 "音量电位与均衡"设置框

⑥ 图形均衡器：属于均衡器的一种。均衡器用于将整个音频频率范围划分为若干个频段，操作者可以分别设置不同频率的声音的增益情况，即将不同频率的声音信号提升或衰减，以补偿声音信号中欠缺的频率成分或抑制过多的频率成分。"图形均衡器"参数如图 10-50 所示。

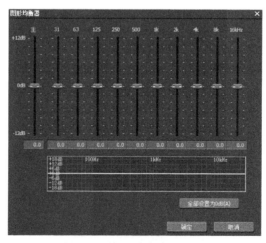

图 10-50 "图形均衡器"设置框

图形均衡器中的频率范围可以分为以下几个频段。

- 20Hz ～ 50Hz

这一频段为低频区，即低音区部分。适当调节这一部分的频率会增加声音的立体感、突出音乐的厚重和力度、表达出音乐的恢弘气势。注意，如果调节过高的话，会降低声音的清晰度，感觉浑浊不清。

- 60Hz ～ 250Hz

这一频段也为低频区，适合表现鼓声等击打乐器的音色，提升这一段的频率会使声音较为丰满。如果调节过高的话，也会降低声音的清晰度。

- 250Hz ～ 2kHz

这一频段包含了大多数乐器和人声的低频谐波，它的调节对于还原乐曲和歌曲都有较明显的效果。如果调节过高会使声音降低、过低会使背景音乐掩盖人声。

- 2kHz ～ 5kHz

这一频段用于表现音乐的距离感，提升这一频段会使人感觉与声源的距离变近了。反之，则会使人感觉与声源的距离变远了。它同时也影响着人声与乐音的清晰度。

- 5kHz ～ 16kHz

这一频段属于高频区，提升这一频段会使声音宏亮、饱满，但会影响清晰度。降低这一频段，会使声音变得清晰，但音质会变得稍微单薄。该频段对于调整歌剧类的音频效果相当重要。

"图形均衡器 - 低音增强"滤镜、"图形均衡器 - 音量 50%"滤镜、"图形均衡器 - 高音增强"滤镜都是"图形均衡器"滤镜的一种，这里不再详细介绍。

⑦ 参数平衡器：也属于均衡器的一种。"参数平衡器"中的频率范围分为 3 个波段，如图 10-51 所示。

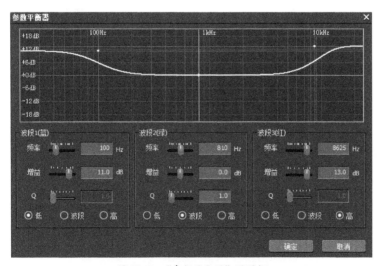

图 10-51 "参数平衡器"设置框

⑧ 1kHz 消除：它是"参数平衡器"滤镜的一种，用于消除音频中频率为 1kHz 的声音信号，如图 10-52 所示。

⑨ 音调控制器：用于控制低于 100Hz、高于 3kHz 频率的音频电平，如图 10-53 所示。

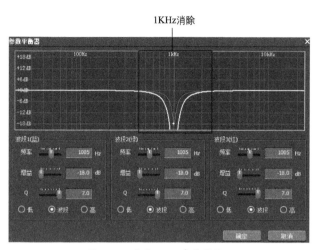

1KHz消除

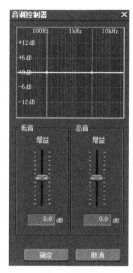

图 10-52 消除 1kHz 声音信号　　　　　图 10-53 "音调控制器"设置框

"音调控制器 - 低音增强"、"音调控制器 - 高音增强"都是音调控制器的一种，分别用于增强低音效果和高音效果。

10.7　实例：偷梁换柱——更换音频

在视音频文件中，视频和音频是链接在一起的。如果对音频效果感到不满意，或者想要有一个特色的制作，在 EDIUS 中可以将源文件中的音频换掉——偷梁换柱。

（1）在"素材库"中导入准备好的素材。

（2）将视音频素材文件添加到时间线中的 1VA 轨道上，如图 10-54 所示。

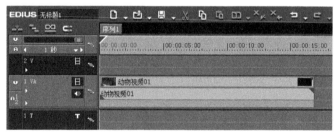

图 10-54　往时间线上添加视音频素材

（3）鼠标右键单击 1VA 轨道中的素材，在弹出的菜单中选择"连接 / 组→解锁"命令，将源素材中的视频和音频分离，如图 10-55 所示。

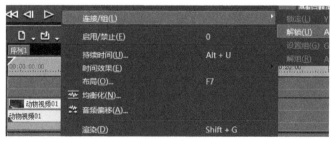

图 10-55　分离视音频

（4）选中 1VA 轨道中的音频素材，在时间线工具栏中单击"删除"按钮，将其删除。

（5）将"素材库"中预定好的音频素材添加到 1VA 轨道中，如图 10-56 所示。

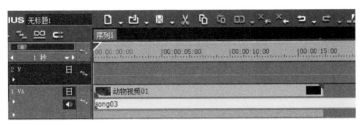

图 10-56　添加音频素材

（6）音频素材和源视频素材的时间长度不一致，将播放指针移动到源视频素材的末端。选中音频素材，然后在时间线工具栏中单击"添加剪切点"按钮，添加一个剪切点，如图 10-57 所示。

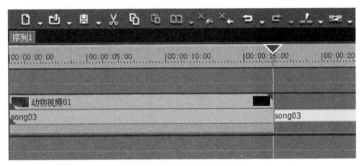

图 10-57　添加剪切点

（7）选中剪切点后面的音频部分，将其删除，如图 10-58 所示。

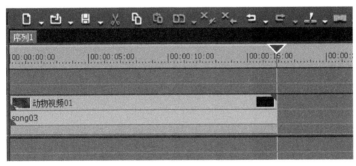

图 10-58　删除多余的音频部分

（8）预览视音频效果，满意后按住 Ctrl 键选中视频素材和音频素材，然后在鼠标右键菜单中选择"连接 / 组→设置组"命令，将视频和音频链接在一起，如图 10-59 所示。

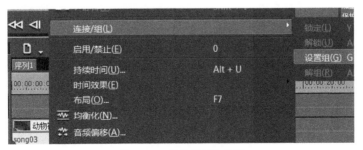

图 10-59　链接视频和音频

（9）最后输出文件。

第 11 章

丰富多彩的插件

　　EDIUS 除了具备其他后期编辑软件的基本功能以外，更重要的是它能够兼容很多第三方插件，包括视频特效插件、音频插件、字幕插件等，并且这些插件的功能都很强大。

本章主要介绍以下内容：

- ➢ 字幕插件
- ➢ 转场插件
- ➢ 视频特效插件
- ➢ 维稳插件
- ➢ 音频特效插件

11.1 插件概述

在 EDIUS 中，使用自带的滤镜可以制作出很好的效果。另外，还有很多第三方插件支持 EDIUS 6.5，使用 EDIUS 自带的滤镜配合第三方插件或者单独使用第三方插件，制作出的效果会更加绚丽、独特。EDIUS 中可以使用的第三方插件包括视频特效插件（比如，135 个 AE 特效插件）、音频特效插件（比如，GEQ7 均衡器、干扰去除器等）、字幕插件（比如，NewBlew Titler Pro 等）、转场插件（比如，NewBlew Starter Pack 等）、对齐插件、维稳插件等。

11.2 字幕插件

NewBlew Titler Pro 是一款功能强大的字幕软件，远远要比在剪辑软件中使用的简单字幕工具先进得多。它包含很多 Cool 的特性，包括 3D 挤压、关键帧动画、环境贴图和各种特效。它是 EDIUS 中可以使用的字幕插件之一，使用它可以制作出绚丽多彩的字幕效果。正确安装该插件之后，可以在时间线顶部的工具栏中启动它，如图 11-1 所示。使用时间线窗口中的字幕工具创建的字幕会直接显示在时间线轨道上及"播放"窗口中。

也可以在"素材库"窗口中的"新建素材"工具下拉列表中打开 NewBlew Titler Pro，如图 11-2 所示。使用该方法创建的字幕素材会自动保存在"素材库"窗口中。

图 11-1　在工具栏中选择字幕插件

图 11-2　使用"素材库"窗口中的工具选择字幕插件

11.2.1　NewBlew Titler Pro 工作界面

启动 NewBlew Titler Pro 字幕插件之后，进入到其工作界面。NewBlew Titler Pro 界面主要由 4 个部分组成，即菜单栏、编辑预览窗口、标签程序库窗口和时间轴，如图 11-3 所示。

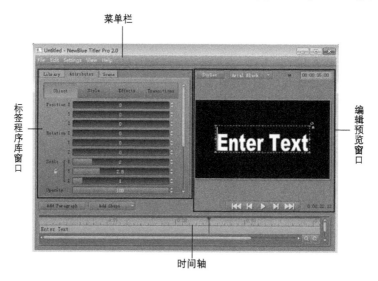

图 11-3　NewBlew Titler Pro 界面

1. 菜单栏

菜单栏中包括 File（文件）菜单、Edit（编辑）菜单、Settings（设置）菜单、View（视图）菜单和 Help（帮助）菜单。

- File 菜单：在 File 菜单中包含了新建 Tiltler 工程、打开现有的工程、保存预设、导入图片、导入视频、导入矢量图等功能，如图 11-4 所示。

- Edit 菜单：在 Edit 菜单中包含了取消操作、重做、剪切、复制、粘贴等功能，如图 11-5 所示。

图 11-4　File 菜单

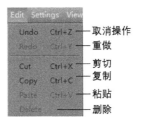

图 11-5　Edit 菜单

- Settings 菜单：用于设置是否使用高质量预览和渲染输出时是否使用运动模糊这两项功能，如图 11-6 所示。

图 11-6　Settings 菜单

- View 菜单：用于设置编辑窗口中的背景颜色，是否显示安全框和栅格，设置指针与时间轴同步等，如图 11-7 所示。

- Help 菜单：列出了关于 NewBlue Titler Pro 2.0 的帮助、产品保护、更新检查等信息，如图 11-8 所示。

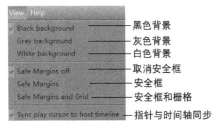

图 11-7　View 菜单

图 11-8　Help 菜单

2. 编辑预览窗口

在菜单栏的下方是编辑预览窗口（简称"编辑"窗口），在该窗口中可以直接输入文字并能看到预览效果。在窗口的上方列出了一些常用的编辑工具，包括字体调节、字号调节、对齐方式等，如图 11-9 所示。

在编辑窗口的下方是用于播放工程的"播放"工具栏，包括"播放"、"上一帧"、"下一帧"、"快进"、"快退"等工具，如图 11-10 所示。

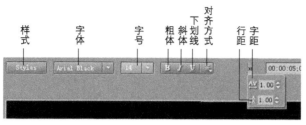

图 11-9　编辑工具

图 11-10　"播放"工具栏

3. 标签程序库窗口

在编辑窗口左侧是标签程序库窗口，包含了 Library（样式库）、Attributes（属性）、Scene（场景）3 个标签。在每个标签下又分别包含了各自的内容。

- Library 标签：样式库中包含了数以千计的样式和工程模板，以及更多的特效、转场、图形等，如图 11-11 所示。

图 11-11　Library 标签

- Attributes 标签：在这个标签下含有 4 个小标签，在这里可以任意设置文本的所有属性，如图 11-12 所示。

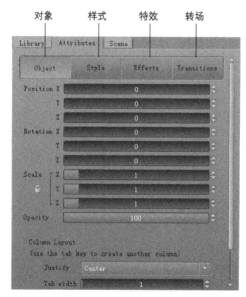

图 11-12　Attributes 标签

- Scene 标签：在该标签下可以进行场景的设置，包括摄像机设置、灯光设置等，如图 11-13 所示。

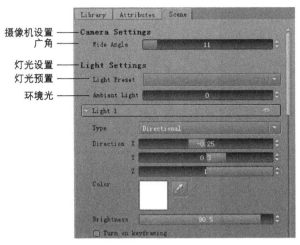

图 11-13　Scene 标签

11.2.2　编辑文本

打开 NewBlue Titler Pro 之后，在编辑窗口会显示默认的文本，称之为段落，如图 11-14 所示。在 Titler 中可以建立多重段落，每个段落都可以有自己的样式、特效、转场和动画效果。

图 11-14　编辑窗口中的文本段落

1．调整工具

单击段落的任意位置，段落周围显示绿色边框。边框上的圆圈相当于控制手柄。当将鼠标指针移动到圆圈上时，指针会显示为双向箭头，此时可以调节文本的大小。拖曳边框线中间的圆圈，可以沿水平或竖直方向缩放文本，如图 11-15 所示。

拖曳边框角点的圆圈，可以成比例缩放文本。使用鼠标滚轮可以方便快捷地调整文本的大小。

在段落的右上方有一个"旋转"图标 和一个"地球"图标 。将鼠标指针移动到"旋转"图标上，按住鼠标左键拖曳可以沿 Z 轴旋转文本，如图 11-16 所示。

图 11-15 沿竖直方向缩放文本

图 11-16 沿 Z 轴旋转文本

单击"地球"图标，段落周围会显示一个圆圈，在圆圈内按住鼠标左键转动，可以在 3D 空间中旋转段落，如图 11-17 所示。再次单击"地球"图标或在圆圈外单击，可以取消圆圈。

将鼠标指针移动到段落边框上，指针显示为十字箭头的形状，按住鼠标左键拖曳可以移动段落的位置。

在编辑窗口的任意空白位置处双击鼠标左键，然后输入文本，即可添加多重段落，如图 11-18 所示。

图 11-17 3D 旋转

使用鼠标右键菜单可以编辑文本（Edit Text）、剪切（Cut）、复制（Copy）、粘贴（Paste）、删除段落（Delete paragraph），如图 11-19 所示。

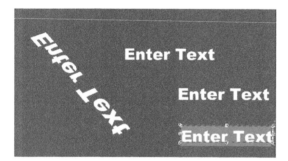

图 11-18 添加多重段落

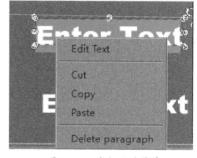

图 11-19 鼠标右键菜单

双击可以选中整个段落，在段落中单击，然后拖曳鼠标左键可以选中部分段落，如图 11-20 所示。

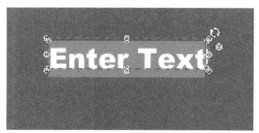

图 11-20 选中整个段落（左）和部分段落（右）

调整段落属性时，只对选中的部分起作用。比如，旋转选中的文本部分，如图 11-21 所示。

2．精确调整段落属性

选中要调整属性的段落或部分段落，然后切换到 Attributes 选项卡。要调整段落文本的对象属性，则打开 Object（对象）标签，双击修改数值或使用滑块进行调整，如图 11-22 所示。

图 11-21　调整选中的文本

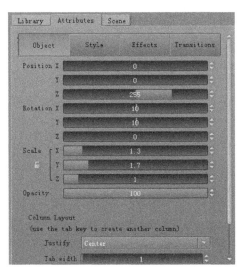

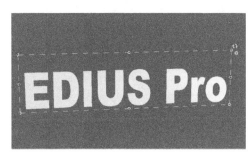

图 11-22　调整段落属性

如果勾选了 Trun on keyframing（打开关键帧）选项，调整时间轴的指针位置，调整某个或某些属性的值，单击 + 按钮，即可添加关键帧。可以添加多个关键帧，添加的关键帧在时间轴上显示为圆形图标，如图 11-23 所示。

对于新建的段落，如果还没为其设置特效以及转场属性，那么在 Effects、Transtions 标签下会显示为空白，如图 11-24 所示。

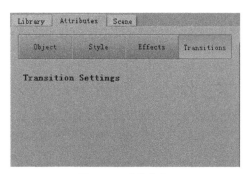

图 11-23　添加关键帧　　　　　　　图 11-24　属性空白

3．设置段落样式

选中段落文本，打开 Style 标签。在这里可以定义段落的颜色、材质，可以添加 2D 和 3D 调节层，可以设置一些艺术效果。

比如，设置立体艺术效果，在"3D Face"调节层下调节 Extrusion（挤出）参数，如图 11-25 所示。

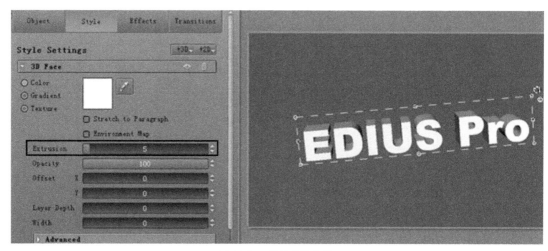

图 11-25　设置立体艺术

要添加 3D 调节层，单击 +3D 按钮，在下拉菜单中选择一个选项，比如 Outline（轮廓），然后在 3D Outline 调节层下调节相关参数，如图 11-26 所示。

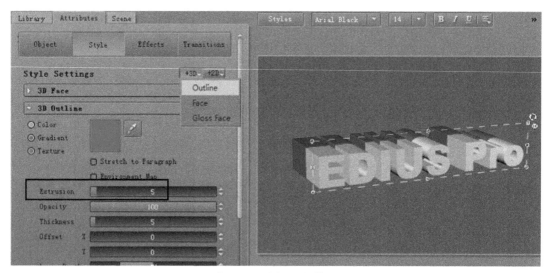

图 11-26　添加 3D 调节层

也可以添加 2D 调节层，还可以 2D 层和 3D 层结合使用。要删除添加的 2D 或 3D 调节层，单击图层名称右侧的 图标即可。

4．设置段落效果

要为段落添加效果，打开 Library 标签，在这里可以为段落添加任意多的效果，包括动画、转场、样式等。将选中的效果直接拖曳到编辑窗口中的段落上，也可拖曳到时间轴上，如图 11-27 所示。

图 11-27　为段落添加效果

5．字幕小练习

以上介绍了 New Blue Titler Pro 2.0 的基本知识，这里将综合 New Blue Titler Pro 2.0 的相关知识做个简单的字幕练习。

（1）在"素材库"窗口中的"新建素材"工具下拉列表中选择"New Blue Titler Pro 2.0"选项，进入其工作界面。

（2）确认文本框处于激活状态，在编辑窗口中滚动鼠标滚轮改变默认文本的大小，如图 11-28 所示。

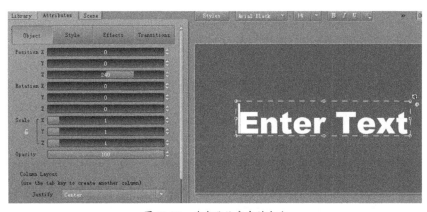

图 11-28　改变默认文本的大小

（3）在段落文本上双击以选中段落，然后输入文本内容，如图 11-29 所示。

图 11-29　输入的文本

（4）选中段落文本，打开 Style 标签。点选 Texture（纹理）单选项，然后单击颜色框，找到一幅纹理图片作为文本填充效果，如图 11-30 所示。

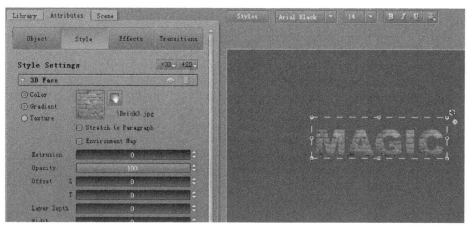

图 11-30　为文本添加纹理效果

（5）拖动 Extrusion 项的滑块或单击其右侧的小三角按钮，调整 Extrusion 的值，创建文本的立体效果，并将文本进行 3D 旋转，如图 11-31 所示。

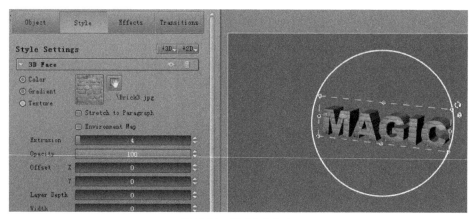

图 11-31　创建立体文本

（6）添加 2D 调节层，选择 Outline Glow（轮廓辉光），并将颜色设置为白色，如图 11-32 所示。

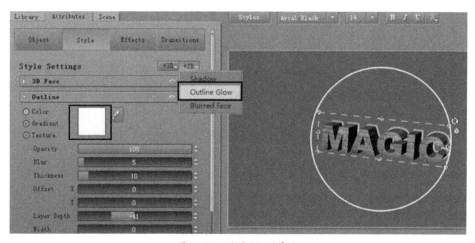

图 11-32　设置 2D 调节层

（7）打开 Library 标签，选择"Transitions → Animations → Falling → Bouncy"效果，将其应用给文本，如图 11-33 所示。

图 11-33　添加效果

（8）选择"Transitions → Animations → Spin Back"效果，再次为文本添加一个动画效果，如图 11-34 所示。

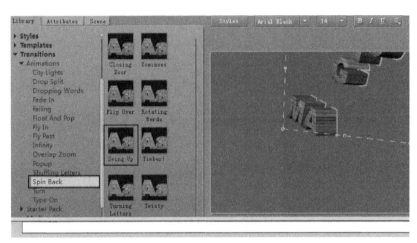

图 11-34　添加动画效果

（9）选择"File（文件）→ Import Image（导入图像）"命令，导入一幅图像，调整其大小，然后在时间轴中将图像图层调整到最底层，如图 11-35 所示。

图 11-35　导入图像

（10）在时间轴中单击"Falling"或"Spin Back"效果图层，可以打开其设置面板，然后调整效果参数。

（11）单击"播放"按钮或在时间轴中拖动播放指针，预览动画效果，其中的几帧如图 11-36 所示。

图 11-36　动画中的几帧

（12）字幕制作完成后会自动保存在 EDIUS 的"素材库"窗口中，将其拖曳到时间线轨道上，就可以在 EDIUS 中使用了，也可以将其保存在制定的文件夹内。

11.3　转场插件

安装 Newblue 系列插件之后，在"特效"面板的"转场"展开项中会看到 Newblue Starter Pack 及其所包含的转场方式，如图 11-37 所示。

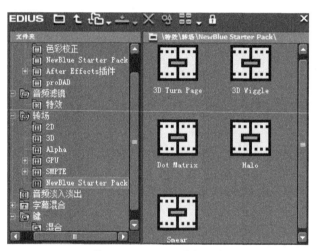

图 11-37　Newblue 转场插件

在 EDIUS 中安装的第三方转场插件和标准的 EDIUS 转场插件的使用方法一致，将其直接拖曳到两段素材之间即可，如图 11-38 所示。

如果两段素材在不同的轨道上，则将转场添加到两段素材的 MIX 混合区域，如图 11-39 所示。

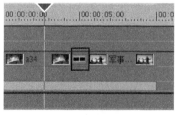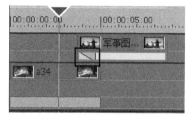

图 11-38　添加转场　　　　　　　图 11-39　向不同轨道上的素材添加转场

添加转场后，在轨道中单击转场图标，然后在"信息"面板中双击转场名称，打开其设置面板，进行参数设置即可，以 3D Wiggle 为例，如图 11-40 所示。

图 11-40　转场设置

在"3D Wiggle"参数设置框中设置 Delay（延迟）、Amplitude（振幅）、Frequency（频率）等参数的值，转场效果如图 11-41 所示。

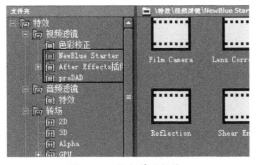

图 11-41　原素材和转场效果

11.4　视频特效插件

使用 EDIUS 本身的视频滤镜已经能够制作出很好的视频特效了，安装了第三方视频特效插件之后，更是如虎添翼。这些视频特效插件包括 Newblue、proDAD、AE（After Effects 的简称）等系列，如图 11-42 所示。

这里重点介绍一下 AE 插件，在"特效"面板中展开"After Effects 插件"，在其下拉列表中包括了 14 个类型（共 135 个）的插件，如图 11-43 所示。

图 11-42　视频特效插件

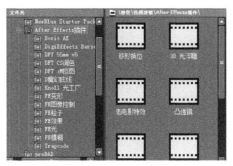

图 11-43　AE 插件

1．AE 插件的使用方法
以"FE 光"中的"扫光效果"插件为例，介绍一下 AE 插件的使用。

（1）从"特效"面板中将"扫光效果"插件拖曳到时间线轨道中的素材上，原素材与添加特效后的素材对比如图 11-44 所示。

图 11-44　原素材（左）与添加特效后（右）的素材对比

（2）在"信息"面板中双击"扫光效果"名称，打开其设置面板，找到色彩设置选项，并确定时间线指示器处于素材的起始位置，如图 11-45 所示。

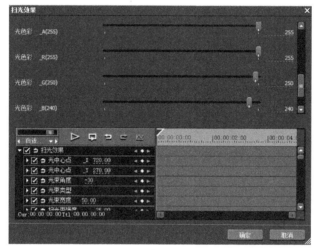

图 11-45　"扫光效果"设置面板

（3）调整"光色彩 R"、"光色彩 G"和"光色彩 B"的值，使光的颜色呈紫色，如图 11-46 所示。

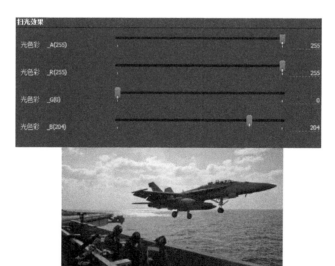

图 11-46　光色彩设置及效果

（4）接下来设置"光中心点"、"光束角度"、"光束类型"、"光束宽度"、"扫光束强度"参数的值，如图 11-47 所示。

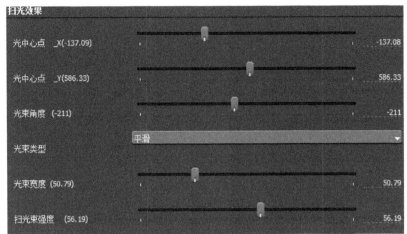

图 11-47　光的位置、角度等参数的设置及效果

（5）在调整以上参数时，EDIUS 自动建立了每个参数的 1 个关键帧，这是建立的第 1 个关键帧，如图 11-48 所示。

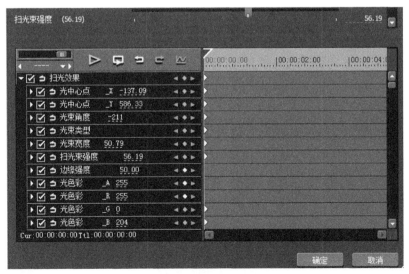

图 11-48　建立的相关参数的第 1 个关键帧

（6）将时间线指示器向右移动到某一位置，然后调整"光束角度"参数的值，建立该参数的第 2 个关键帧，如图 11-49 所示。

图 11-49　建立"光束角度"参数的第 2 个关键帧及其效果

（7）使用同样的方法多建立几个"光束角度"参数的关键帧，使光束在画面中按角度运动，如图 11-50 所示。

图 11-50　建立"光束角度"的多个关键帧

（8）单击"确定"按钮，然后在"播放"窗口中单击"播放"按钮即可预览光束的动画效果，其中的几帧如图 11-51 所示。

图 11-51　光束动画中的几帧

2．AE 插件类型简介

下面简单列举 AE 系列中的几种类型的插件效果。

（1）"D 魔幻眩线"

"魔幻眩线"效果如图 11-52 所示。调整该效果时，可以调整"偏移量"、"线强度"、"模式"等参数。

图 11-52　添加"魔幻眩线"前（左）后（右）的对比效果

（2）Knoll 光工厂

- "光工厂 EZ"效果如图 11-53 所示。调整该效果时，可以调整"亮度"、"光源位置"、"颜色"、"光类型"等参数。

图 11-53　添加"光工厂 EZ"前（左）后（右）的对比效果

- "光工厂 LE"效果如图 11-54 所示。调整该效果时，可以调整"亮度"、"光源位置"、"颜色"、"光类型"等参数。

图 11-54　添加"光工厂 LE"前（左）后（右）的对比效果

- "光工厂"效果如图 11-55 所示。调整该效果时，可以调整"亮度"、"光源位置"、"颜色"、"光源尺寸"等参数。

图 11-55　添加"光工厂"前（左）后（右）的对比效果

（3）FE 变形

- "方格"效果如图 11-56 所示。调整该效果时，可以调整"水平尺寸"、"垂直尺寸"、"旋转"等参数。

图 11-56　添加"方格"前（左）后（右）的对比效果

- "透镜"效果如图 11-57 所示。调整该效果时，可以调整"中心点 -X"、"中心点 -Y"、"透镜值"等参数。

图 11-57　添加"透镜"前（左）后（右）的对比效果

（4）FE 效果

- "万花筒"效果如图 11-58 所示。调整该效果时，可以调整"中心点 -X"、"中心点 -Y"、"万花筒类型"等参数。

图 11-58　添加"万花筒"前（左）后（右）的对比效果

- "翻页"效果如图 11-59 所示。调整该效果时，可以调整"翻页方向"、"翻页半径"、"光方向"等参数。

图 11-59　添加"翻页"前（左）后（右）的对比效果

（5）FE 光

- "体积光 2.5"效果如图 11-60 所示。调整该效果时，可以调整"发光量"、"光线长度"、"类型"等参数。

图 11-60　添加"体积光 2.5"前（左）后（右）的对比效果

- "聚光灯"效果如图 11-61 所示。调整该效果时，可以调整"距离"、"锥角"、"边缘羽化"等参数。

图 11-61　添加"聚光灯"前（左）后（右）的对比效果

（6）FE 模糊

- "光线模糊"效果如图 11-62 所示。调整该效果时，可以调整"长度 / 角度"、"模糊类型"等参数。

图 11-62　添加"光线模糊"前（左）后（右）的对比效果

- "矢量模糊"效果如图 11-63 所示。调整该效果时，可以调整"矢量类型"、"深度值 / 旋转度值"等参数。

图 11-63　添加"矢量模糊"前（左）后（右）的对比效果

11.5 维稳插件

维稳插件也属于视频特效插件的范畴。在实际拍摄时，可能会由于摄像机的不稳定因素而对画面质量产生一些不好的影响。ProDAD Mercalli 插件可以消除拍摄时由于摄像机的抖动、颠簸及颤抖带来的影响，提高画面质量。当摄像机三脚架不用手扶持或无法使用手扶持时会产生不希望的结果，这通常是突发事件，当必须迅速拍片而没有任何准备来捕捉突发的情景时，拍摄这些镜头一般都会包含一些摄像机抖动，而这些镜头对整个视频而言又具有相当重要的价值。Mercalli 可以挽救并优化这些画面，这使得 Mercalli 成为挽救和优化关键视频剪辑的宝贵工具。

提示

画面稳定插件ProDAD Mercalli只为在拍摄中的晃动镜头做一些弥补，虽然对画面的稳定性有一定的帮助，但也会有稍许的画质损失，因此也要谨慎使用。

安装 ProDAD Mercalli 2.0 插件后，在"特效"面板中可以找到它，如图 11-64 所示。

将 Mercalli 2.0 应用到画面时，会在"播放"窗口的画面上显示动作提示，如图 11-65 所示。

图 11-64　ProDAD Mercalli 2.0 插件

图 11-65　插件信息提示

将 Mercalli 2.0 应用到画面后，在"信息"面板中双击 Mercalli 2.0 名称，打开其设置面板，如图 11-66 所示，其中包含以下设置。

① 虚拟 Stabi-Cam（虚拟稳定摄像机）：在其下拉列表中包括"通用相机"、"滑开式相机"、"防震相机"和"替代相机"4 个选项。

- 通用相机：主要针对数码相机、小型摄影机或手机所拍摄的视频的晃动问题。

- 滑开式相机：主要针对快速平移的拍摄所产生的晃动问题。

- 防震相机：主要针对手持摄像机所拍摄视频的晃动问题。

- 替代相机：

② 摇摄平衡：该滑块主要针对慢速平移拍摄的视频，使视频更加专业与稳定。

③ 避免边界效应：勾选该复选框，可以减少画面边缘的锯齿，使边缘更清楚。

④ 可以根据实际的需要进行一些选项的设置，然后单击"套用"按钮，Mercalli 会自动进行影片分析，如图 11-67 所示。

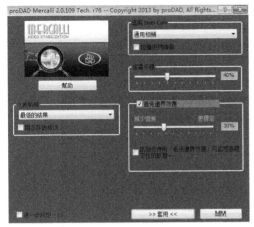

图 11-66　Mercalli 2.0 设置面板

图 11-67　分析影片

分析完成后，分析窗口自动关闭，然后在 Mercalli 设置面板中单击"关闭"按钮即可。

11.6　音频特效插件

安装音频特效插件后，在"特效"面板的"音频滤镜"类目下可以找到已安装的插件，如图 11-68 所示。

以 BBE 激励器为例介绍一下第三方音频插件的使用，这些插件的使用与 EDIUS 中自带的音频滤镜的使用方法是一样的，将其直接拖曳到时间线音频轨道中的音频素材上，然后在"信息"面板中打开其设置面板进行设置即可。

BBE 激励器是美国 BBE SOUND INE 公司于 1985 年开发研制的高清晰原音系统技术。它如果用于音频播放器（如 MP3、Walkman 等）中，则可以智能化地修正和恢复音响系统由于各种原因而造成的信号损失或相位偏差，正确恢复以接近原音，令声音尽可能地自然重现。

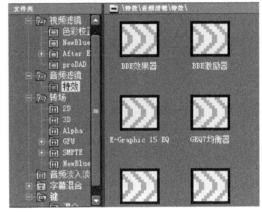

图 11-68　"特效"面板中的音频插件

将 BBE 激励器应用到音频素材上之后，打开其设置面板，根据音频的试听效果进行参数调整即可，如图 11-69 所示。

图 11-69　BBE 激励器

11.7 实例：神奇的艺术效果

本例主要使用第三方插件为画面添加神奇的魔幻眩线和眩光效果，加上绚丽多彩的字幕效果，体现出 EDIUS 插件神奇的艺术功能。在制作过程中，主要通过创建关键帧来实现神奇的变换效果，使整个画面看上去酷劲十足。

整个过程的制作分为三部分：一是添加"魔幻眩线"，二是添加"光工厂 EZ"，三是添加字幕。

1. 添加"魔幻眩线"

（1）在"素材库"中导入一幅画面，并将其应用到时间线上，"播放"窗口中的画面效果如图 11-70 所示。

图 11-70　画面效果

（2）在"特效"面板中将 AE 插件中的"魔幻眩线"插件拖曳到时间线中的素材上，如图 11-71 所示。

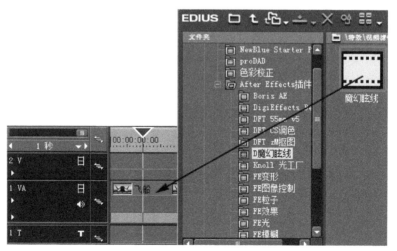

图 11-71　应用特效插件

（3）应用特效后的画面效果如图 11-72 所示。

图 11-72　应用特效后的画面效果

（4）在时间线中选中素材，在"信息"面板中双击"魔幻眩线"名称，打开"魔幻眩线"设置框，如图 11-73 所示。

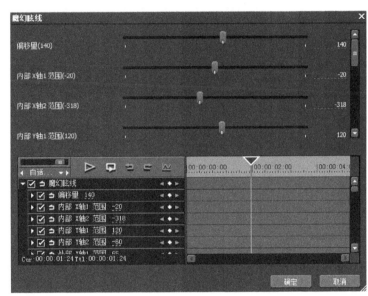

图 11-73　打开"魔幻眩线"设置框

（5）将时间线指示器移动到素材的起始端位置，将"线强度"的值设置到最大，如图 11-74 所示。

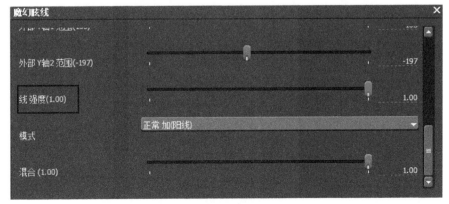

图 11-74　设置"线强度"的值

第 11 章　丰富多彩的插件

（6）在设置框的上部拖曳各个参数的滑块（包括"偏移量"，各个 X 轴、Y 轴）改变其参数值，在下部的参数列表中自动建立各个参数的第 1 个关键帧，如图 11-75 所示。

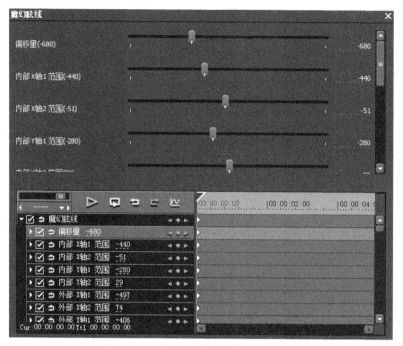

图 11-75　建立各个参数的第 1 个关键帧

（7）向后移动时间线指示器至某一位置，再拖曳各个参数的滑块，建立这些参数的第 2 个关键帧，如图 11-76 所示。可以一边拖曳滑块一边浏览"播放"窗口中的变化效果。

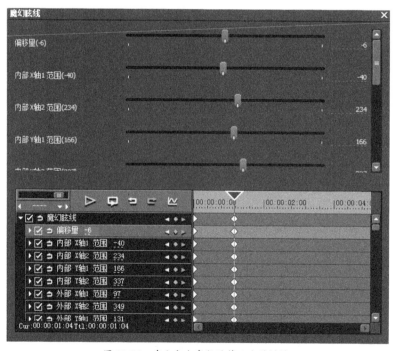

图 11-76　建立各个参数的第 2 个关键帧

（8）使用同样的方法，继续移动时间线指示器，然后拖曳滑块，建立第 3 个、第 4 个、第 5 个……关键帧，如图 11-77 所示。建立关键帧的数量根据实际情况而定。

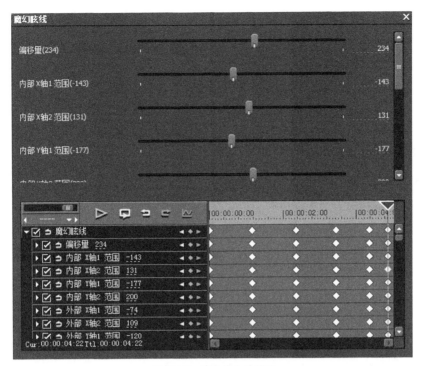

图 11-77　建立多个关键帧

（9）单击"播放"按钮，预览"魔幻眩线"动画效果，其中的几帧如图 11-78 所示。

图 11-78　"魔幻眩线"动画中的几帧

2．添加"光工厂 EZ"

（1）在"特效"面板中将 AE 插件中的"光工厂 EZ"插件拖曳到时间线中的素材上，如图 11-79 所示。

（2）为了减少系统的负担，使实时播放更顺畅，在"信息"面板中取消"魔幻眩线"的勾选状态，暂时关闭该特效，如图 11-80 所示。需要打开该特效时，再勾选即可。

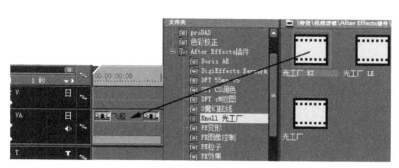

图 11-79　应用光特效插件

图 11-80　关闭"魔幻眩线"特效

（3）在"信息"面板中双击"光工厂 EZ"，打开其设置框。将"光类型"设置为"红色激光"选项，如图 11-81 所示。

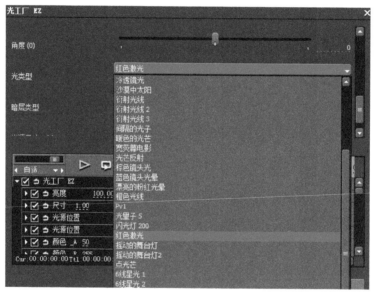

图 11-81　设置光类型

（4）此时，画面中默认设置的激光效果如图 11-82 所示。

图 11-82　默认设置的激光效果

（5）将时间线指示器移动到素材的起始端位置，改变"亮度"、X 和 Y 的光源位置参数，建立这些参数的第 1 个关键帧，如图 11-83 所示。通过建立关键帧来实现激光位置及亮度的变化效果。

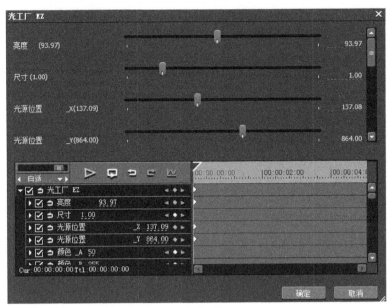

图 11-83　建立相关参数的第 1 个关键帧

（6）向后移动时间线指示器至某一位置，再拖曳各个参数的滑块，建立这些参数的第 2 个关键帧，如图 11-84 所示。可以一边拖曳滑块一边浏览播放窗口中的变化效果。

图 11-84　建立各个参数的第 2 个关键帧

（7）使用同样的方法，继续移动时间线指示器，然后拖曳滑块，建立第 3 个、第 4 个、第 5 个……关键帧，如图 11-85 所示。建立关键帧的数量根据实际情况而定。

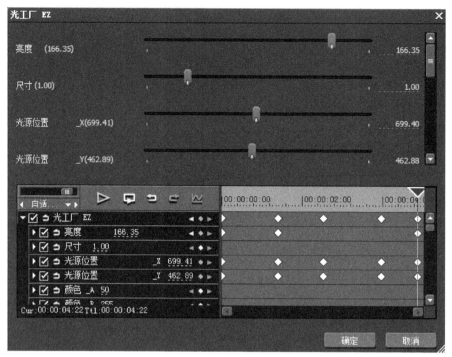

图 11-85　建立多个关键帧

（8）单击"确定"按钮，关闭"光工厂 EZ"设置框。单击"播放"按钮，预览"光工厂 EZ"动画效果，其中的几帧如图 11-86 所示。

图 11-86　"光工厂 EZ"动画中的几帧

3．添加字幕

（1）创建字幕。在"素材库"工具栏中单击"新建素材"按钮![按钮图标]，在其下拉列表中选择"NewBlue Titler Pro 2.0"选项，如图 11-87 所示。使用该字幕插件创建字幕。

（2）打开"NewBlue Titler Pro 2.0"工作界面后，在编辑窗口中

图 11-87　选择字幕插件

输入文本"东方战神",并改变其位置和大小,如图 11-88 所示。

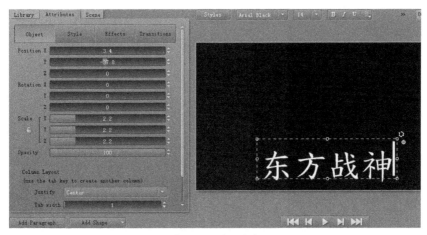

图 11-88 输入文本

（3）在"Library"标签下双击某个样式,将其应用于文本,如图 11-89 所示。

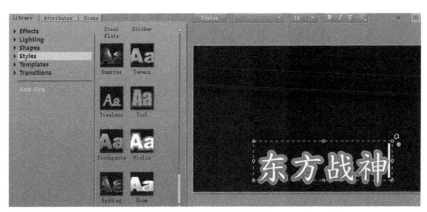

图 11-89 为文本应用样式

（4）切换到"Attributes"选项卡的"Object"标签下。在右上角的数值框中输入时间值 2 秒,然后单击时间轴,将文本的持续时间设置为 2 秒,如图 11-90 所示。

图 11-90 设置文本的持续时间

（5）在"Scale"参数栏下将 X、Y 的参数值均调整为 0，然后勾选"Turn on Keyframing"复选框，打开关键帧设置，在文本入点位置处建立第 1 个关键帧，如图 11-91 所示。

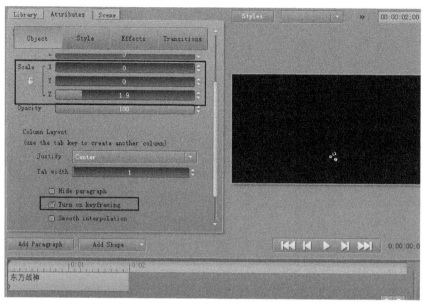

图 11-91　创建文本的第 1 个关键帧

（6）移动时间线指示器，然后改变 X、Y 的参数值，建立文本的第 2 个关键帧，使文本变大。

（7）继续创建文本的关键帧，如图 11-92 所示。

图 11-92　继续创建关键帧

（8）选择"File → Save"命令，保存文本。保存后的文本自动添加在"素材库"中。

（9）将字幕素材从"素材库"中添加到时间线的字幕轨道上，并将其出点与画面素材的出点对齐，如图 11-93 所示。

（10）添加字幕后，画面最终效果中的一帧如图 11-94 所示。

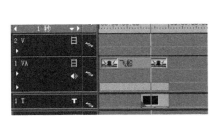

图 11-93　字幕与画面的出点对齐

图 11-94　最终效果中的一帧

（11）最后保存文件并输出。

第 12 章

校色很关键

在后期制作中对画面的校色工作也是非常重要的。使用 EDIUS 自带的校色滤镜及第三方校色插件可以精确地校正画面色彩，消除实际拍摄产生的不利颜色。使用这些滤镜还可以制作出各种风格的画面效果，比如水墨画、工笔画等。

本章主要介绍以下内容：

➢ 怎样控制色彩超标

➢ 校色与色彩匹配

➢ 二级校色

➢ 风格化镜头画面

➢ 闪白效果

12.1　校色概述

使用摄像器材进行拍摄时，实际光线的色调会因场所和时间的不同而存在很大的差异，比如上午和下午、室内和室外。素材的色彩、亮度等效果与我们需要的实际效果会存在一定的差距，因此需要对画面进行校色。在 EDIUS 中，可以使用色彩校正滤镜对画面进行校色以达到较好的效果。

12.2　怎样控制色彩超标

由于电视屏幕能显示的亮度范围小于计算机显示器显示的亮度范围，因此在计算机屏幕上能显示的一些鲜亮的画面在电视屏幕上可能会出现细节缺失等影响画面质量的问题。所以在视频制作过程中，要根据播出要求来控制色彩超标。在 EDIUS 中，可以根据矢量图 / 示波器显示的信息进行校色和调色。

视频信号是由亮度信号和色差信号编码而成的，因此示波器按功能可分为矢量示波器和波形示波器。选择"视图→矢量图 / 示波器"命令即可打开"矢量图 / 示波器"窗口，如图 12-1 所示。

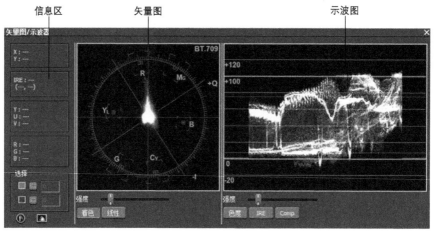

图 12-1　"矢量图 / 示波器"窗口

12.2.1　矢量图

矢量图以极坐标的方式显示视频的色度信息。某一点到坐标原点的距离，即矢量的大小，代表色饱和度。某一点和原点的连线与水平轴 Yl-B 之间的夹角代表色相。在矢量图中，R、G、B 分别代表彩色电视信号中的红、绿、蓝色，Mg、Cy、Yl 分表代表青色、品红和黄色。

坐标原点处代表色饱和度为 0，离坐标原点越远，饱和度就越高，因此黑色、白色和灰色都处在坐标原点处。标准彩条颜色都落在相应"田"字的中心。

如果饱和度向外超出相应"田"字的中心，说明饱和度超标，就要进行调整。只要色彩饱和度不超出由"田"字围成的区域，就可认为色彩符合播出标准。纯色的点都表示在"田"字以外的区域，因此在电视后期制作中要避免使用纯色。

12.2.2　波形示波器

波形示波器主要用于检测视频信号的幅度和单位时间内所有脉冲扫描图形，显示当前画面亮度信号的分布情况。

波形示波器的横坐标表示当前帧的水平位置。纵坐标在 NTSC 制式下表示图像每一列的色彩密度，单位是"IRE"，在 PAL 制式下表示视频信号的电压值。在 NTSC 制式下，以消隐电平 0.3V 为 0IRE，将 0.3~1V 之间平均分为 10 等份，每一等份为 10 IRE。

我国 PAL/PAD 制电视技术标准规定，全电视信号幅度的标准值是 1.0V（P-P 值）。以消隐电平为零基准电平，其中同步脉冲幅度为向下的 -0.3V，图像信号峰值白电平为向上的 0.7V（即 100%），允许突破但不能大于 0.8V。准确地说，亮度信号的瞬间峰值电平 ≤ 0.77V，全电视信号的最高峰值电平 ≤ 0.8V。

在制作过程中，可以根据矢量图和示波器显示的信息进行校色和调色，观察整个画面的色饱和度、色彩偏向、亮度，以及检查色彩是否超标。如果视频亮度信号幅度超过允许值的 20% ～ 30%，将会造成白限幅而影响画面的层次感。如果黑电平过高，会造成画面的雾状感、清晰度不高、整个画面灰蒙蒙一片。如果黑电平过低，在正常情况下虽然能够突出图像的细节，但会因为图像偏暗或缺少层次而显得比较厚重、色彩不清晰、肤色出现失真现象。

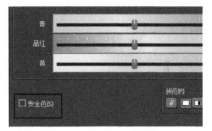

在 EDIUS 中，大部分色彩校正滤镜（"三路色彩校正"和"单色"滤镜除外）设置框中都包含一个"安全色"复选框，如图 12-2 所示。

图 12-2 "安全色"复选框

勾选这个选项，EDIUS 会自动将画面的亮度限制在 0 ～ 100IRE 之间，如图 12-3 所示。

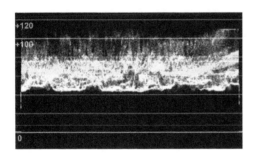 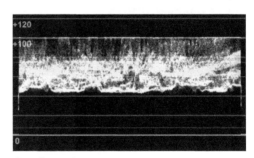

图 12-3 勾选"安全色"前后的对比

在示波器中可以发现，在控制画面亮度时 EDIUS 只是简单地削去峰值和最低值，但这样会损失部分高光和阴影细节，同时"安全色"选项不会对画面的饱和度做任何调整。因此，对于对比度较大、细节丰富的画面来说，首先要通过校色来使整个波形的峰值大部分落在 0~100IRE 之间。

12.3 校色与色彩匹配

1. 校色

进行色彩校正时，主要是针对画面的高光部分、中间调和暗调部分进行校正。使用"色彩校正"滤镜中的"三路色彩校正"滤镜就可以很好地校正画面中各部分的色彩，具体操作方法如下。

（1）在"素材库"中导入一段素材，并双击将其在"播放"窗口中打开，如图 12-4 所示。

（2）从"素材库"或"播放"窗口中将素材添加到时间线中，并为该素材应用"三路色彩校正"滤镜。

（3）打开"三路色彩校正"滤镜设置框。"取色器"默认设置为"自动"项，即在"播放"窗口中的画面上单击时，EDIUS 能自动识别单击的部分，并使用相应的色轮自动校色，如图 12-5 所示。

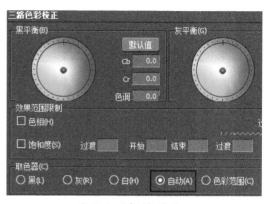

图 12-4　应用的素材　　　　　　　　　　图 12-5　"自动"选项

（4）分别在画面的高光部分、中间调和暗调部分单击，EDIUS 会使用相应色轮自动调整，如图 12-6 所示。可以多次单击，以达到理想的校色效果。

图 12-6　EDIUS 自动校色

（5）边调整边观察矢量图，如图 12-7 所示。感觉效果满意后，单击"确定"按钮即可。

2．色彩匹配

在制作过程中，有时候需要将两段毫不相干的素材连接在一起，但由于拍摄的时间、场地不同等因素的影响，导致素材的色彩差别较大。如果接在一起，难免会有"跳"的感觉。我们可以使用色彩校正滤镜将这两段素材的色彩进行匹配，下面举例说明进行色彩匹配的操作步骤。

（1）在时间线上添加两段素材，一段是蓝天白云下的山坡绿景（命名为 a1），一段是傍晚时分的山水画面（命名为 a2），如图 12-8 所示。

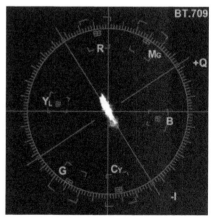

图 12-7　校色后的矢量图

图 12-8　两幅画面

（2）从"特效"面板中选中"三路色彩校正"滤镜，并将其添加到画面 a2，目的是让 a2 匹配 a1。

（3）将时间线指示器移动到 a1 画面上，打开"三路色彩校正"滤镜设置框，单击"预览"区域中的第一个按钮 ，将 a1 画面作为参考画面，如图 12-9 所示。

图 12-9　设置参考画面

（4）将时间线指示器移动到 a2 画面上，单击"预览"区域中"在屏幕的右半部显示滤镜效果"按钮 ，在"播放"窗口中可以看到分屏效果，如图 12-10 所示。

图 12-10　分屏效果

（5）选择"视图→矢量图／示波器"命令，分别观察这两个素材的矢量图，如图 12-11 所示。

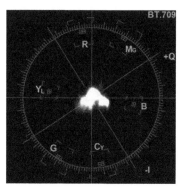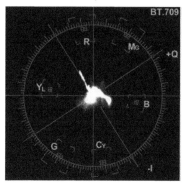

图 12-11　两个素材的矢量图 a1（左）、a2（右）

（6）在"三路色彩校正"滤镜设置框中分别转动三个平衡色轮的外圈，目的是改变色相。边转动边观察画面效果和矢量图，如图 12-12 所示。现在这两个矢量图已经很接近了。

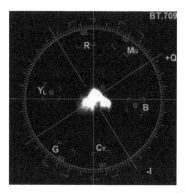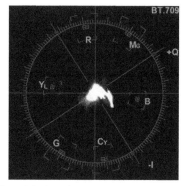

图 12-12　调整色相后的矢量图对比

（7）观察画面效果，它们的色彩已经匹配的差不多了，但不可能完全一样，如图 12-13 所示。

图 12-13　匹配色彩后的画面效果

（8）对色彩效果满意后，单击"确定"按钮即可。

像前面讲到的，对整个画面色彩的调整，可以称之为一级校色。而在实际工作中，往往有时候需要对画面局部的色彩区域进行调整，这就是二级校色。

可以使用两个滤镜进行二级校色，一个是"三路色彩校正"滤镜，一个是"色度"滤镜。

12.4.1 "三路色彩校正"滤镜

"三路色彩校正"滤镜是使用频率非常高的一个校色滤镜。下面先看一下"三路色彩校正"滤镜设置框中的各个部分的作用，如图 12-14 所示。

图 12-14 "三路色彩校正"滤镜设置框

- 校色区。白平衡、灰平衡和黑平衡分别用于调整画面的高光部分、中间调部分和暗调部分。

- 二级校色区（效果范围限制区）。二级校色即对画面局部的色彩区域进行校色，因此必须先有一个遮罩来定义哪一部分的色彩需要校色。由于视频是运动的，我们可以分别从色相（色度）、饱和度和亮度这 3 个因素入手来定义一个运动的遮罩。勾选这里的某个选项之后，在上方的"校色区"中进行的调整就只对这个遮罩内部的图像起作用，即二级校色。"显示键"按钮■用于在窗口中显示键效果（让我们观察选择的范围，也就是遮罩效果），白色代表选中的范围，黑色代表未选中的范围。"显示直方图"按钮■用于在"色相"、"饱和度"和"亮度"的选择范围上显示直方图。

- 取色器。该区域中的选项用于确定要在画面中拾取哪一部分的色彩，选择某个选项后，就可以在画面中拾取要作为高光、中间灰或暗调部分的色彩了。

- 预览。该区域中的相关按钮分别用于定义一个参考画面，并将当前画面与参考画面进行分屏比较。如果不定义参考画面，则是将画面在添加滤镜前和添加滤镜后进行分屏比较（相关按钮的使用在前面已有介绍）。

- 动画控制区。在该区域中勾选某些选项后，可以手动为其定义关键帧动画。

下面以实例形式介绍二级校色的具体操作步骤。

（1）在"素材库"中导入素材，并将其添加到时间线上，画面效果如图 12-15 所示。我们要为画面中的两头狮子改变颜色。

图 12-15　画面效果

（2）在"特效"面板中选中"三路色彩校正"滤镜并将其应用到画面上，然后打开"三路色彩校正"滤镜设置框。

（3）在"效果限制范围（二级校色区）"区内单击右上角的"显示键"按钮█和"显示直方图"按钮█。

（4）勾选"色相"复选框，拖曳各个小三角按钮，一边拖曳一边在窗口中观察键效果，使选择范围包括所有的黄色。选择范围中的交叉线区域表示绝对选择区域，单斜线区域表示过渡区域，如图 12-16 所示。

图 12-16　选择色相范围

（5）从键效果中可以看到，选择的范围还远远达不到我们的要求。勾选"饱和度"和"亮度"复选框，并调整其各自的范围，还要继续调整"色相"的选择范围，如图 12-17 所示。"色相"、"饱和度"、"亮度"这三个选项可以随机地组合使用，只要能选择出满意的区域即可。白色表示选中部分，黑色表示未选中部分。

图 12-17　总体调整后的选择效果

（6）单击"显示键"按钮 ，关闭键效果。然后在"校色区"中调整"灰平衡"，移动颜色轮中的小球及转动颜色轮的外圈，就可以随意改变颜色了，如图 12-18 所示。

图 12-18　不同的颜色效果

12.4.2　"色度"滤镜

进行二级校色的另一种方法是使用"视频滤镜"中的"色度"滤镜。继续使用上面的素材练习"色度"滤镜的使用方法。

（1）在"素材库"中导入素材，并将其添加到时间线上。为素材添加"色度"滤镜，然后打开其设置框，如图 12-19 所示。

图 12-19　"色度"滤镜设置框

（2）单击"吸管"按钮 ，使其处于按下状态。然后在预览窗口中单击要改变的颜色，然后勾选"键显示"复选框，如图 12-20 所示。

图 12-20　键显示效果

（3）切换到"键出色"选项卡下，然后试着调整 Y、U、V 各个颜色的参数，如图 12-21 所示。

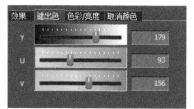

图 12-21　调整键出色的效果

（4）切换到"色彩/亮度"选项卡下，然后试着调整"色度"和"亮度"的参数，如图 12-22 所示。

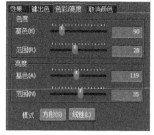

图 12-22　调整色度和亮度后的效果

（5）返回到"效果"选项卡，然后调整"形状 Alpha"参数以羽化选区边缘，如图 12-23 所示。

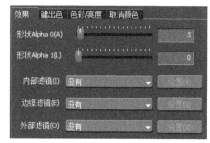

图 12-23　羽化选区边缘

（6）在"内部滤镜"下拉列表中选择"三路色彩校正"滤镜，为选区应用该滤镜。在"边缘滤镜"下拉列表中选择"平滑模糊"滤镜，为选区边缘应用该滤镜，如图 12-24 所示。

（7）关闭键显示，然后单击"设置（1）"按钮，打开"三路色彩校正"滤镜设置框，调整"灰平衡"的效果就可以改变选区的颜色了。

（8）单击"设置（2）"按钮，打开"平滑模糊"滤镜设置框，设置"半径"参数，调整边缘的模糊效果，如图 12-25 所示。

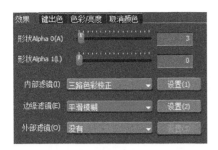

图 12-24　设置滤镜

图 12-25　设置边缘模糊

（9）二级校色后的效果如图 12-26 所示。

图 12-26　二级校色后的效果

12.5　风格化镜头画面

在 EDIUS 中，综合应用系列滤镜可以将拍摄的素材转化为具有一定风格的画面效果，比如工笔画特效、水墨特效，这里就介绍一下如何制作工笔画特效和水墨特效的风格化镜头画面。

12.5.1　工笔画特效

工笔画，是以精谨细腻的笔法描绘景物的中国画表现方式。以线造型是中国画技法的特点，也是工笔画的基础和骨干。工笔画对线的要求是工整、细腻、严谨。

工笔画和实拍画面的最大区别是，画的底色是白色或浅色，如图 12-27 所示。

下面以拍摄的玫瑰花素材为例，介绍如何制作工笔画特效，玫瑰花素材如图 12-28 所示。我们要让画面色彩"反"过来，让暗部变白，并占据画面的大部分，作为"纸"。而原来主体上较少的亮部可以作为笔触。

图 12-27　工笔画图画　　　　　　　　　　　图 12-28　玫瑰花效果

（1）在时间线上添加玫瑰花素材，这里使用 1VA 轨道，然后应用"视频滤镜→色彩校正→单色"滤镜，使用默认设置，如图 12-29 所示。

图 12-29　应用"单色"滤镜

（2）画画讲究虚实，为素材应用"视频滤镜→焦点柔化"滤镜，让背景虚化一点，并提高一点画面的亮度，如图 12-30 所示。

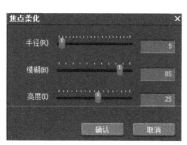

图 12-30　应用"焦点柔化"滤镜

（3）因为要将画面色彩"反向"，所以现在暗部越多，以后"纸"的留白就越多。为素材应用"视频滤镜→色彩校正→YUV 曲线"滤镜，调大对比度，如图 12-31 所示。

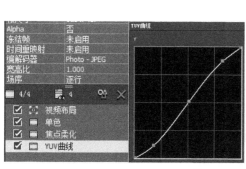

图 12-31　应用"YUV 曲线"滤镜

（4）为素材应用"视频滤镜→色彩校正→反转"滤镜，将画面反色，如图 12-32 所示。"反转"滤镜是"YUV 曲线"滤镜的一种形式。

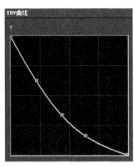

图 12-32 应用"反转"滤镜

（5）"基底"做完了，开始上色。将原素材再添加到 2V 视频轨道中，然后为其添加"键→混合→叠加模式"滤镜，如图 12-33 所示。将"叠加模式"滤镜添加到素材的 MIX 区域。

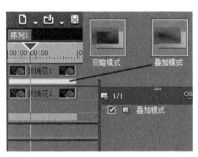

图 12-33 应用"叠加模式"滤镜

（6）工笔画需要勾线。添加一个视频轨（3V 轨），并将原素材添加到该轨道中，然后为其应用"视频滤镜→铅笔画"滤镜，如图 12-34 所示。

图 12-34 应用"铅笔画"滤镜

（7）在"信息"面板中双击"铅笔画"滤镜，打开"铅笔画"滤镜设置框，设置其参数，如图 12-35 所示。

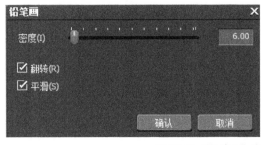

图 12-35 "铅笔画"滤镜参数设置和效果

（8）在"特效"面板中选中"键→混合→柔光模式"滤镜，然后将其应用到 3V 轨道中的素材上，如图 12-36 所示。

图 12-36　应用"柔光模式"滤镜

（9）再添加一个视频轨（4V 轨），将原素材添加到该轨道上，并为其应用"键→混合→叠加模式"滤镜，如图 12-37 所示。

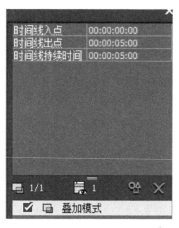
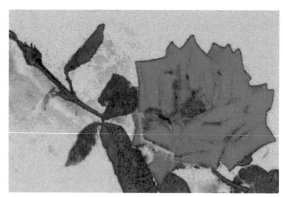

图 12-37　应用"叠加模式"滤镜

（10）为 4V 轨中的素材应用"视频滤镜→色彩校正→YUV 曲线"滤镜，调整对比度，如图 12-38 所示。

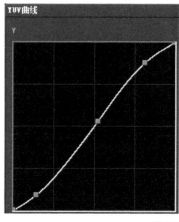

图 12-38　应用"YUV 曲线"滤镜

（11）再添加一个视频轨（5V 轨），将准备好的宣纸纹理添加到该轨道上，并为其应用"键→混合→正片叠底"滤镜，如图 12-39 所示。

（12）如果对效果不满意，可以继续调整相关滤镜的参数，最后的效果如图 12-40 所示。

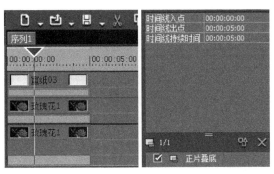

图 12-39　应用"正片叠底"滤镜

图 12-40　工笔画效果

12.5.2　水墨画特效

水墨画，是绘画的一种形式，通常被视为中国的传统绘画，也就是国画的代表。基本的水墨画，仅有水与墨，即黑色与白色。

制作水墨画特效和前面制作工笔画特效的思路差不多，关键是要看原素材本身的情况以及滤镜参数设置上的差别。下面讲述制作水墨画特效的步骤。

（1）在"素材库"中导入一段水墨画素材，然后将其添加到时间线的 1VA 轨道上，素材画面如图 12-41 所示。

图 12-41　素材效果

（2）为素材应用"视频滤镜→色彩校正→单色"滤镜，使用默认设置，如图 12-42 所示。

图 12-42　应用"单色"滤镜

（3）为素材应用"视频滤镜→焦点柔化"滤镜。水墨画着重写意，没必要保留实拍素材上的大量细节。视情况调整"亮度"和"模糊"的值，如图 12-43 所示。

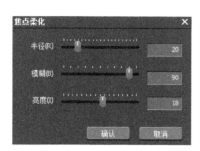

图 12-43　应用"焦点柔化"滤镜

（4）复制 1VA 轨道上的素材，粘贴到 2V 轨道上，然后应用"视频滤镜→色彩校正→ YUV 曲线"滤镜，调整对比度，提高画面的亮度，如图 12-44 所示。

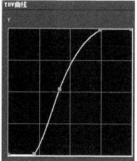

图 12-44　应用"YUV 曲线"滤镜

（5）我们的目的是要在画面上出现"墨块"。为 2V 轨道上的素材应用"键→混合→颜色加深"滤镜，如图 12-45 所示。

图 12-45　应用"颜色加深"滤镜

（6）在时间线轨道头中单击鼠标右键，添加一条视频轨道（3V 轨），并将原素材添加到该轨道中，如图 12-46 所示。

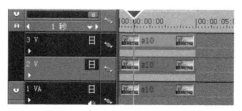

图 12-46　添加轨道和素材

（7）为 3V 轨道中的原素材应用"视频滤镜→浮雕"滤镜，设置"方向"和"深度"参数，目的是模拟毛笔的笔触效果，如图 12-47 所示。

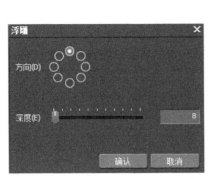
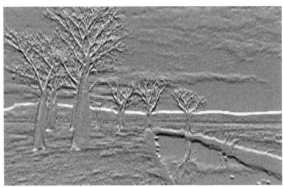

图 12-47　应用"浮雕"滤镜

（8）应用"浮雕"滤镜后造成了色彩位移，应用"视频滤镜→色彩校正→单色"滤镜，去除颜色信息，如图 12-48 所示。

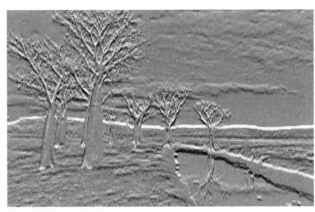

图 12-48　应用"单色"滤镜

（9）为 3V 轨道中的素材应用"键→混合→颜色减淡"滤镜，可以看到水墨的笔触已经模拟出来了，如图 12-49 所示。

图 12-49　应用"颜色减淡"滤镜

（10）在时间线轨道头中单击鼠标右键，添加一条视频轨道（4V 轨），并添加纸张素材，如图 12-50 所示。

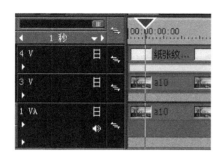

图 12-50　添加纸张素材

（11）为纸张素材应用"键→混合→正片叠底"滤镜，可以看到水墨画的最终效果了，如图 12-51 所示。

图 12-51　应用"正片叠底"滤镜

12.6　闪白效果

闪白效果就是使用滤镜调整画面的色度、亮度、对比度，从而使画面变白。使用这种方法可以实现两个画面之间的闪白过渡效果，下面举例说明制作闪白效果的操作方法。

（1）在"素材库"中导入两段素材，并将其添加到时间线中的 1VA 轨道上，如图 12-52 所示。

图 12-52　添加到时间线中的素材

（2）在"特效"面板中选择"视频滤镜→色彩校正→色彩平衡"滤镜，将其应用到 1VA 轨道中的"01"素材上。

（3）在"信息"面板中双击打开"色彩平衡"设置框。在设置框底部将时间线指示器移动到"01"素材的末端位置处，然后勾选"色度"、"亮度"、"对比度"复选框，并分别调节它们的参数值，建立它们的第 1 个关键帧，如图 12-53 所示。

图 12-53　建立相关参数的第 1 个关键帧

（4）单击"确定"按钮，此时"01"画面变白，如图 12-54 所示。

图 12-54　"01"画面变白前（左）后（右）的对比

（5）将时间线指示器向前移动一段距离，然后调整"色度"、"亮度"、"对比度"的参数值为初始值，建立这几个参数的第 2 个关键帧，如图 12-55 所示。此时，画面效果恢复为原来的色彩。

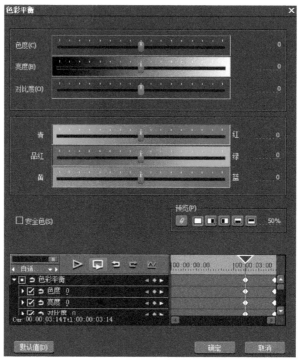

图 12-55　建立相关参数的第 2 个关键帧

（6）在"特效"面板中选择"视频滤镜→色彩校正→色彩平衡"滤镜，将其应用到 1VA 轨道中的"02"素材上。

（7）选中"02"素材，在"信息"面板中双击打开"色彩平衡"设置框。在设置框底部将时间线指示器移动到"02"素材的起始端位置处，然后勾选"色度"、"亮度"、"对比度"复选框，并分别调节它们的参数值，建立它们的第 1 个关键帧，如图 12-56 所示。

图 12-56　为"02"素材建立相关参数的第 1 个关键帧

（8）单击"确定"按钮，此时"02"画面变白，如图 12-57 所示。

图 12-57 "02"画面变白前（左）后（右）的对比

（9）将时间线指示器向后移动一段距离，然后调整"色度"、"亮度"、"对比度"的参数值为初始值，建立这几个参数的第 2 个关键帧，如图 12-58 所示。此时，画面效果恢复为原来的色彩。

图 12-58 为"02"素材建立相关参数的第 2 个关键帧

（10）这样就实现了两个画面的闪白过渡效果。单击"播放"按钮，预览闪白过渡效果。

（11）最后保存文件。

12.7 校色应用实例

本例中将进一步介绍校色的实际应用。在校色过程中可能会多次使用同一个滤镜，这样使色彩校正更加精确、完美。同时，在进行色彩校正时，要时刻注意色彩超标的情况。

（1）向"素材库"中导入素材，并将其应用到时间线的 1VA 轨道上，应用的素材画面如图 12-59 所示。

图 12-59 素材画面

（2）在"特效"面板中选择"视频滤镜→色彩校正→色彩平衡"滤镜，将其应用到 1VA 轨道中的素材上。

（3）在"信息"面板中双击打开"色彩平衡"设置框，调节"色度"、"亮度"、"对比度"的值，如图 12-60 所示。

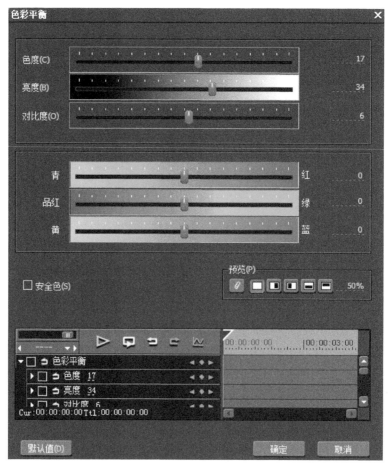

图 12-60 调节"色彩平衡"的参数值

（4）单击"确定"按钮，画面效果如图 12-61 所示。

图 12-61　调节色彩平衡后的画面效果

（5）在"特效"面板中选择"视频滤镜→色彩校正→三路色彩校正"滤镜，将其应用到1VA轨道中的素材上。

（6）在"信息"面板中双击打开"三路色彩校正"设置框，调节"灰平衡"色轮，如图 12-62 所示。

图 12-62　调节"灰平衡"色轮

（7）单击"确定"按钮，画面效果如图 12-63 所示。

图 12-63　调节灰平衡后的画面效果

（8）再次应用"三路色彩校正"滤镜，在其设置框中分别调节"黑平衡"、"灰平衡"和"白平衡"色轮，如图 12-64 所示。

图 12-64　再次应用"三路色彩校正"滤镜

（9）单击"确定"按钮，画面效果如图 12-65 所示。

图 12-65　再次应用"三路色彩校正"滤镜后的画面效果

（10）在"特效"面板中选择"视频滤镜→手绘遮罩"滤镜，将其应用到 1VA 轨道中的素材上。

（11）在"信息"面板中双击打开"手绘遮罩"设置框，使用"绘制椭圆"工具◯绘制一个椭圆，如图 12-66 所示。

（12）在"边缘"参数栏中勾选"软"复选框，将"宽度"值设置为 100px，在"软边"下拉列表中选择"外部"选项。

（13）在"内部"参数栏中勾选"滤镜"复选框，然后单击后面的"选择滤镜"按钮，打开"选择滤镜"对话框，选择"视频滤镜→色度"滤镜，如图 12-67 所示。

图 12-66 "手绘遮罩"设置框

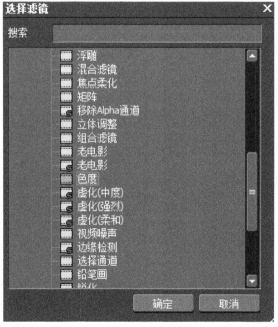

图 12-67 "选择滤镜"对话框

（14）单击"确定"按钮，关闭"选择滤镜"对话框。在"内部"参数栏中单击"设定该滤镜"按钮 ，打开"色度"设置框。在"效果"选项卡下设置"遮罩"参数，如图 12-68 所示。

图 12-68　"色度"设置框

（15）切换到"键出色"选项卡，分别调节 Y、U、V 的参数值，如图 12-69 所示。

图 12-69　设置键出色

（16）切换到"色彩 / 亮度"选项卡，分别调节"色度"和"亮度"的参数值，如图 12-70 所示。

图 12-70　调节色度和亮度

（17）单击"确定"按钮，返回到"手绘遮罩"对话框。

（18）单击"确定"按钮，画面效果如图 12-71 所示。

图 12-71　对遮罩区域调节色彩后的效果

（19）在"特效"面板中选择"视频滤镜→色彩校正→三路色彩校正"滤镜，第三次将其应用到 1VA 轨道中的素材上。

（20）在"信息"面板中双击打开"三路色彩校正"设置框，分别调节"黑平衡"、"灰平衡"、"白平衡"色轮，如图 12-72 所示。

图 12-72　三次应用"三路色彩校正"滤镜

（21）单击"确定"按钮，画面效果如图 12-73 所示。

图 12-73　三次应用"三路色彩校正"滤镜后的画面效果

（22）在"特效"面板中选择"视频滤镜→手绘遮罩"滤镜，再次将其应用到 1VA 轨道中的素材上。

（23）在"信息"面板中双击打开"手绘遮罩"设置框，使用"绘制椭圆"工具绘制一个椭圆，如图 12-74 所示。

图 12-74　绘制椭圆

（24）在"边缘"参数栏中勾选"软"复选框，将"宽度"值设置为 100px，在"软边"下拉列表中选择"外部"。

（25）在"外部"参数栏中勾选"滤镜"复选框，然后单击后面的"选择滤镜"按钮，打开"选择滤镜"对话框，选择"视频滤镜→色彩校正→YUV 曲线"滤镜，如图 12-75 所示。

图 12-75　为遮罩选择滤镜

（26）单击"确定"按钮，关闭"选择滤镜"对话框。在"外部"参数栏中单击"设定该滤镜"按钮█，打开"YUV 曲线"设置框，调节 Y 曲线的参数值，降低画面四角的亮度，如图 12-76 所示，使观众的注意力集中到画面中央。

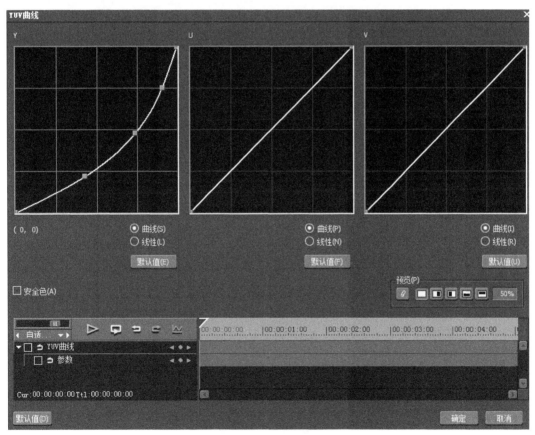

图 12-76　调节 Y 曲线

（27）单击"确定"按钮，画面效果如图 12-77 所示。

图 12-77　调节 Y 曲线后的画面效果

（28）在"特效"面板中选择"视频滤镜→色彩校正→色彩平衡"滤镜，再次将其应用到 1VA 轨道中的素材上。

（29）在"信息"面板中双击打开"色彩平衡"设置框，调节"色度"、"亮度"、"对比度"的值，如图 12-78 所示。

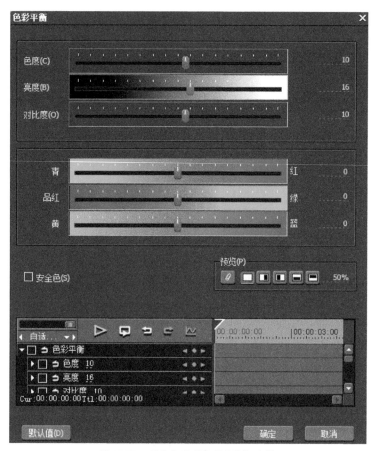

图 12-78　再次应用"色彩平衡"滤镜

（30）单击"确定"按钮，画面效果如图 12-79 所示。

（31）此时，"信息"面板中显示的滤镜列表如图 12-80 所示。

图 12-79 再次应用"色彩平衡"滤镜后的画面效果

图 12-80 "信息"面板

（32）最后保存并输出文件。

第 13 章

不可不知的渲染输出

怎样才能把自己心爱的作品呈现到观众的面前呢？使用渲染输出。EDIUS 支持多种输出器插件，也就是可以输出多种格式的视音频文件。

本章主要介绍以下内容：

> ➢ 渲染设置

> ➢ 批量输出

> ➢ 输出到磁带

> ➢ 输出音频

> ➢ 刻录光盘

13.1　渲染输出概述

在经过素材的采集→输入→剪辑→添加特效等基本流程后，一个完整的视频片段就制作完成了。最后一个重要环节就是渲染输出了，可以将制作好的视频输出为不同格式的视频文件，也可以刻录成光盘、或者输出到磁带等。

13.2　渲染设置

渲染之前应该对渲染的默认设置做一个大致的了解，如果有不符合实际要求的可以另行设置。

要进行渲染设置，选择"设置→系统设置"命令，打开"系统设置"对话框。选择"应用→渲染"选项，如图 13-1 所示。

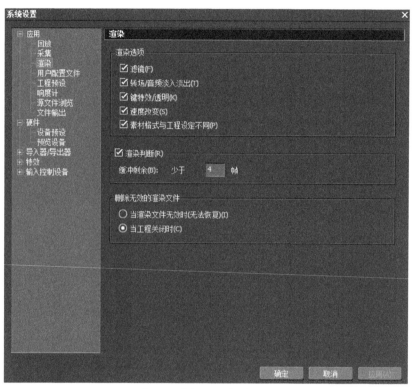

图 13-1　"系统设置"对话框

- 渲染选项：用于设置在渲染文件时要渲染的选项，比如"滤镜"、"键特效 / 透明"等，默认是全选。

- 删除无效的渲染文件：用于设置当渲染文件无效时，或当工程关闭时删除无效的渲染文件。

13.2.1　渲染输出类型

在进行渲染输出之前，如果要输出视频中的某个部分，则可以在时间线中使用快捷键 I 和 O 创建入点和出点，然后将入点和出点之间的内容按指定的方式输出即可，如图 13-2 所示。

单击"播放"窗口右下角的"输出"按钮，展开"输出"菜单，如图 13-3 所示。也可以在菜单栏中选择"文件→输出"命令，展开"输出"菜单。

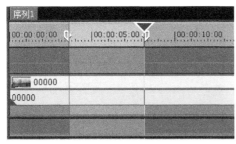

图 13-2　设置入点和出点

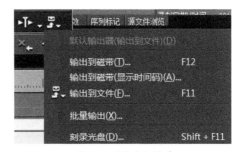

图 13-3　"输出"菜单

在"输出"菜单中可以选择以下 6 种输出的类型。

- 默认输出器：将视频输出为一种默认格式的文件，默认格式可以自己设置。在没有设置之前，该项显示为灰色（不可用）。这是输出视频的一种快捷方式。

- 输出到磁带：如果在电脑上连接了录像机，可以将时间线内容实时输出到磁带上。

- 输出到磁带（显示时间码）：将时间线内容输出到磁带上，并在输出的视频上显示时间码。

- 输出到文件：将时间线内容以某种编码方式输出为一个视频文件，有多种编码方式供选择。

- 批量输出：管理文件批量输出列表，将多个文件集中输出。

- 刻录光盘：将时间线内容刻录为光盘。可以选择光盘种类（DVD 光盘或蓝光光盘）、编解码器类型（MPEG2 或 H.264），以及是否创建菜单。

13.2.2　设置默认输出器

默认输出器就是输出视频的一种默认的文件格式，只限于输出到文件。要设置默认输出器，在"输出"菜单中选择"输出到文件"选项，打开"输出到文件"对话框，如图 13-4 所示。

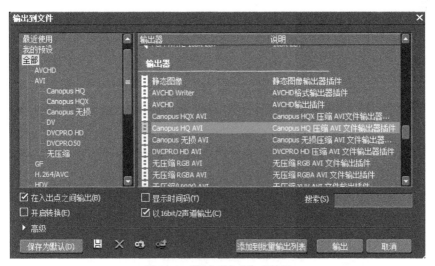

图 13-4　"输出到文件"对话框

在左侧列表中选择"全部"，在右侧的"输出器"列表中选择一个常用的输出文件格式，比如静态图像、Canopus HQ AVI、无压缩 RGB AVI 等，这里选择 Canopus HQ AVI，如果勾选"显示时间码"复选框，则在输出的视频上覆盖有时间码。单击"保存为默认"按钮，系统弹出信息提示框，单击"确定"按钮，如图 13-5 所示。再单击"取消"按钮，关闭"输出到文件"对话框。

设置默认输出器之后，再打开"输出"菜单，默认输出器就可以使用了，如图 13-6 所示。

图 13-5　信息提示

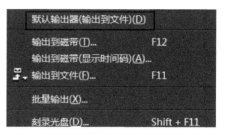

图 13-6　"默认输出器"可用

单击"默认输出器"选项,打开默认输出器的设置框。在这里可以进行默认格式的编码器设置,以及输出文件路径的设置,如图 13-7 所示。

图 13-7　设置编码器和文件路径

设置完成后,单击"保存"按钮,就可以渲染输出了。

除了直接将工程内容输出到磁带以外,通常情况下会将工程内容输出为一个视频文件。"输出到文件"对话框右侧的输出器插件列表就是我们可以使用的编码方式,如图 13-8 所示。

图 13-8　输出器插件列表

EDIUS 的输出器插件支持输出以下文件格式。

* Canopus HQ AVI

* Canopus 无损 AVI

- DV AVI（仅当输出格式为 DV 时）

- 无压缩 RGB AVI

- 无压缩（UYVY）AVI

- 无压缩（YUY2）AVI

- 静态图像序列

- PCM AIFF

- PCM WAVE

- Windows Media Audio

- Windows Media Video

- MPEG2（可带 5.1AC3 音频）

- P2 素材（需硬件 Dongle 支持）

- XDCAM 素材（需硬件 Dongle 支持）

- Dolby Digital（AC-3）（支持 5.1 声道）

13.2.3　使用预设输出器

除了使用默认输出器以外，还可以使用预设输出器。在"输出"菜单中选择"输出到文件"选项，打开"输出到文件"对话框。在左侧列表中选择"全部"，在右侧的"预设"列表中列出了多个预设输出器，如图 13-9 所示。

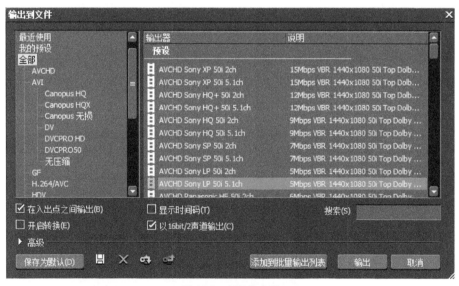

图 13-9　预设输出器

在预设输出器列表中选择一个输出器，单击"输出"按钮，再在打开的对话框中设置编码器、文件名、文件路径等。也可以将预设输出器设置为默认输出器。

13.2.4　其他输出设置

除了在输出器中进行细节设置外，在"输出到文件"对话框的左侧列表中选择"全部"选项时，底部的 4 个复选框都处于可用状态，还可以在输出时进行这些项的设置，如图 13-10 所示。

图 13-10　其他输出设置项

- 在入出点之间输出：对时间线中的内容标记了入点和出点之后，选择该项则只输出入点和出点之间的视频内容。

- 显示时间码：选择该项之后，会在输出的视频上显示时间码。

- 开启转换：选择该项可以将要输出的视频内容转换为其他类型的预设文件，比如 PAL 制式的 QuickTime DV 文件、用于在网上播放的 WMV 格式的文件等。选择该项后，在右侧的"预设"列表中会增添很多能够转换的预设输出器，并且都显示为 ![标记，如图 13-11 所示。

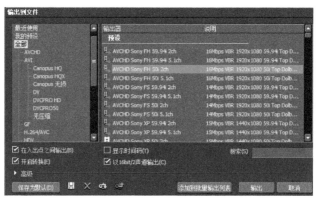

图 13-11　能够转换的预设输出器

- 以 16bit/2 声道输出：要输出的音频部分以 16bit、双声道输出。

选择一个要转换的预设输出器后，单击"输出"按钮，根据打开的对话框中的具体内容进行设置即可，如图 13-12 所示。

图 13-12　转换输出设置

当在同一个工程文件中遇到要输出多个不同格式、不同时间长度的视频文件时，如果一个一个地输出会很费时费力，使用 EDIUS 的"批量输出"方法可以很轻松地完成这个任务。

批量输出的方法有两种：一种是直接在时间线上指定文件到批量输出列表，另一种是在输出列表中添加文件到批量输出。

13.3.1 直接在时间线上指定文件到批量输出列表

直接在时间线上批量输出的操作步骤如下。

（1）在时间线上移动时间线指示器，设置入点和出点，确定输出的时间长度。然后在入点和出点之间的时间线刻度上单击鼠标右键，并选择"添加到批量输出列表"项，如图 13-13 所示。

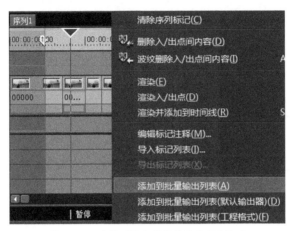

图 13-13　选择"添加到批量输出列表"项

（2）在打开的"输出到文件"对话框中选择一个输出器插件，并在底部勾选"在入点和出点之间输出"，如图 13-14 所示。

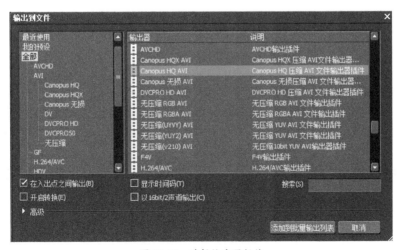

图 13-14　选择输出器插件

（3）单击"添加到批量输出列表"按钮，然后进行编码器、文件名称、保存路径的设置，如图 13-15 所示。这和输出到文件的操作流程是一样的。

图 13-15　设置编码器、保存路径和文件名

（4）单击"保存"按钮，关闭对话框。EDIUS 此时并没有开始渲染输出，不用担心。EDIUS 正在将刚刚进行的设置作为一个任务添加到批量输出列表中。

（5）单击"输出"按钮 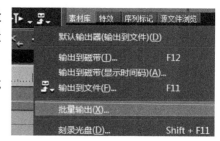，展开"输出"菜单，选择"批量输出"项，如图 13-16 所示。

图 13-16　选择"批量输出"项

（6）选择"批量输出"项后，打开"批量输出"对话框，EDIUS 已经将刚刚进行的设置作为一个任务添加到批量输出列表中了，如图 13-17 所示。

图 13-17　"批量输出"对话框

（7）单击"关闭"按钮，关闭"批量输出"对话框。

（8）重复上面的相关步骤，再次设置入点和出点，使用不同的时间段、不同的时间长度、不同的输出器插件，如图 13-18 所示。

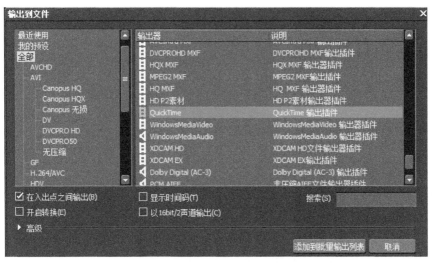

图 13-18　使用另一个输出器插件

（9）同样，设置编码器、文件名称和保存路径。

（10）再次打开"批量输出"列表后会看到多了一项输出任务，如图 13-19 所示。可以使用同样的方法添加多个输出任务。

图 13-19　在"批量输出"列表中显示新添加的任务

（11）同样，也可以将不同序列上的任务添加到批量输出列表。在时间线上选择某个序列标签，以同样的方法创建入点和出点，如图 13-20 所示。

（12）选择输出器插件，设置编码器、文件名、文件路径，将任务添加到批量输出列表中，如图 13-21 所示。

图 13-20　在"序列 2"中设置入点和出点

图 13-21　添加"序列 2"的任务

（13）批量输出任务添加完成后，单击"输出"按钮，EDIUS 即可依次进行输出，如图 13-22 所示。

图 13-22　显示输出进度

（14）输出完成后单击"关闭"按钮即可。

13.3.2　在输出列表中添加批量输出任务

在输出列表中添加批量输出任务的操作步骤和直接在时间线中添加批量输出任务的操作大同小异。

（1）在时间线上设置入点和出点。

（2）单击"输出"按钮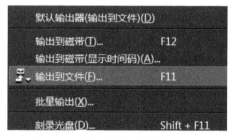，展开"输出"菜单，选择"输出到文件"项，如图 13-23 所示。

（3）在打开的"输出到文件"对话框中选择输出器插件，然后在对话框底部单击"添加到批量输出列表"按钮，如图 13-24 所示。

图 13-23　选择"输出到文件"项

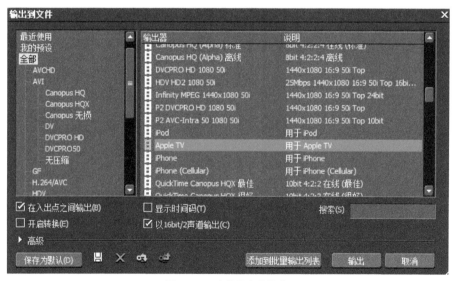

图 13-24　选择输出器插件

（4）设置编码方式、文件路径、文件名称即可被添加到批量输出列表。重复同样的操作，可以添加多个任务到批量输出列表中。

（5）设置完成后，进行输出即可。

13.4　输出到磁带

在选择"输出到磁带"时，可以根据情况将文件输出到 DV 设备或 HDV 设备。在输出之前要先检查当前工程的设置是否与要输出到的硬件设备相匹配。

13.4.1　输出到 DV 设备

输出到 DV 设备的操作步骤如下。

（1）先检查当前工程是否设置为软件或硬件的 PAL DV 工程。

（2）使用 1394 线连接 DV 设备和 PC 或视频卡的 IEEE 1394 接口。

（3）打开输出菜单，选择"输出到磁带"选项，如图 13-25 所示。

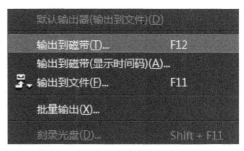

图 13-25　"输出到磁带"选项

（4）连接正确的话，打开"磁带输出向导"对话框。然后逐步设置，就可以输出到磁带了。

13.4.2　输出 MPEG-TS 到 HDV 设备

输出 MPEG-TS 到 HDV 设备的操作步骤如下。

（1）先检查当前工程是否设置为软件或硬件的 HDV 工程。

（2）打开输出菜单，选择"输出到文件"选项，如图 13-26 所示。

（3）在打开的"输出到文件"对话框中选择"MPEG（HDV）"插件，如图 13-27 所示。

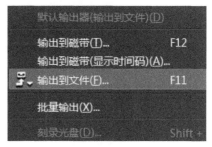

图 13-26　选择"输出到文件"选项

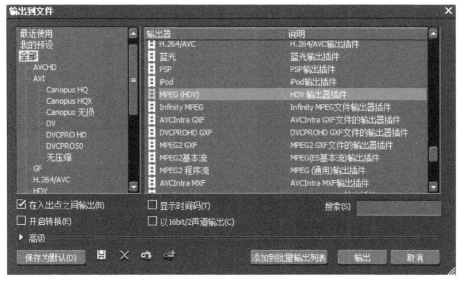

图 13-27　选择输出插件

（4）单击"输出"按钮。在下一个打开的对话框中设置文件名和保存路径，选择"质量 / 速度"选项，勾选"导出后启动 MPEG TS Writer"复选框，如图 13-28 所示。

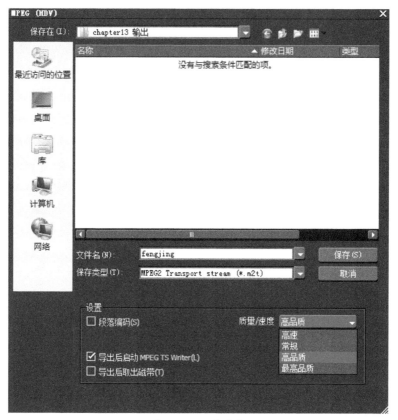

图 13-28　保存设置

（5）单击"保存"按钮，开始生成文件，如图 13-29 所示。

（6）由于勾选了"导出后启动 MPEG TS Writer"复选框，生成文件后会自动打开"MPEG TS Writer"窗口，如图 13-30 所示。

图 13-29　生成 MPEG TS 文件

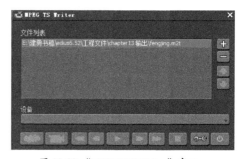

图 13-30　"MPEG TS Writer"窗口

（7）如果没有勾选"导出后启动 MPEG TS Writer"复选框，可以在生成文件后在菜单栏中选择"工具→ MPEG TS Writer"命令，打开"MPEG TS Writer"窗口。

（8）单击右侧的 + 按钮，可以添加多个 MPEG TS 文件。

（9）如果已经使用 1394 线连接了 HDV 设备和 PC 或视频卡的 IEEE 1394 接口。在"设备"下拉列表中选择连接的 HDV 设备。

（10）单击左下角的"写入"按钮，就可以将 MPEG TS 文件写入到 HDV 设备了。

视频和音频都可以单独输出。在时间线中编辑好音频文件后，在菜单栏中选择"文件→输出→输出到文件"命令，打开"输出到文件"对话框，如图 13-31 所示。

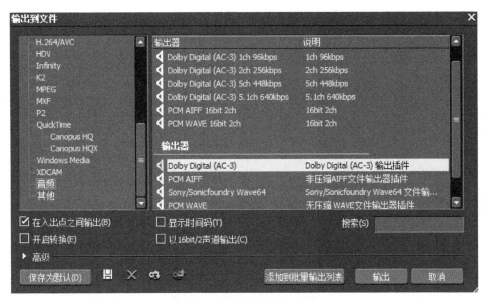

图 13-31 "输出到文件"对话框

在左侧的列表中选择"音频"选项，再在右侧的列表中选择输出器插件，然后单击"输出"按钮，打开保存文件的对话框，设置文件名称及保存路径，如图 13-32 所示。

单击"保存"按钮，就可以输出音频文件了，如图 13-33 所示。

图 13-32 设置文件名称及路径

图 13-33 输出音频文件

13.6 刻录光盘

编辑完成后，如果要刻录光盘，其操作步骤如下。

（1）打开"输出"菜单，选择"刻录光盘"选项，打开"刻录光盘"对话框，在"开始"选项卡下进行基本设置，如图 13-34 所示。

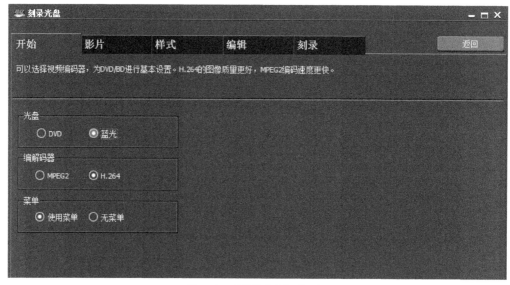

图 13-34 "刻录光盘"对话框

（2）切换到"影片"选项卡，在这里可以进行段落设置、添加文件、添加序列等，如图 13-35 所示。

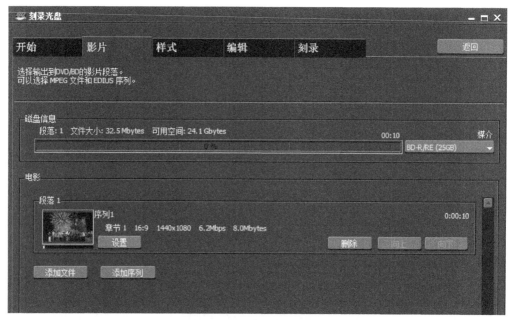

图 13-35 "影片"选项卡

（3）在"段落"区域中单击"设置"按钮，打开"标题设置"对话框，可以进行相关选项的设置，然后单击"确定"按钮，如图 13-36 所示。

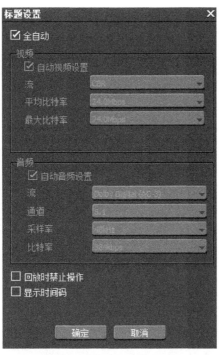

图 13-36 "标题设置"对话框

（4）切换到"样式"选项卡，进行相关设置，并在底部的"样式"列表中选择一个自己喜欢的样式，如图 13-37 所示。

图 13-37 "样式"选项卡

（5）切换到"编辑"选项卡，进行相关的编辑操作，如图 13-38 所示。

图 13-38 "编辑"选项卡

（6）切换到"刻录"选项卡，进行相关的刻录设置，如图 13-39 所示。

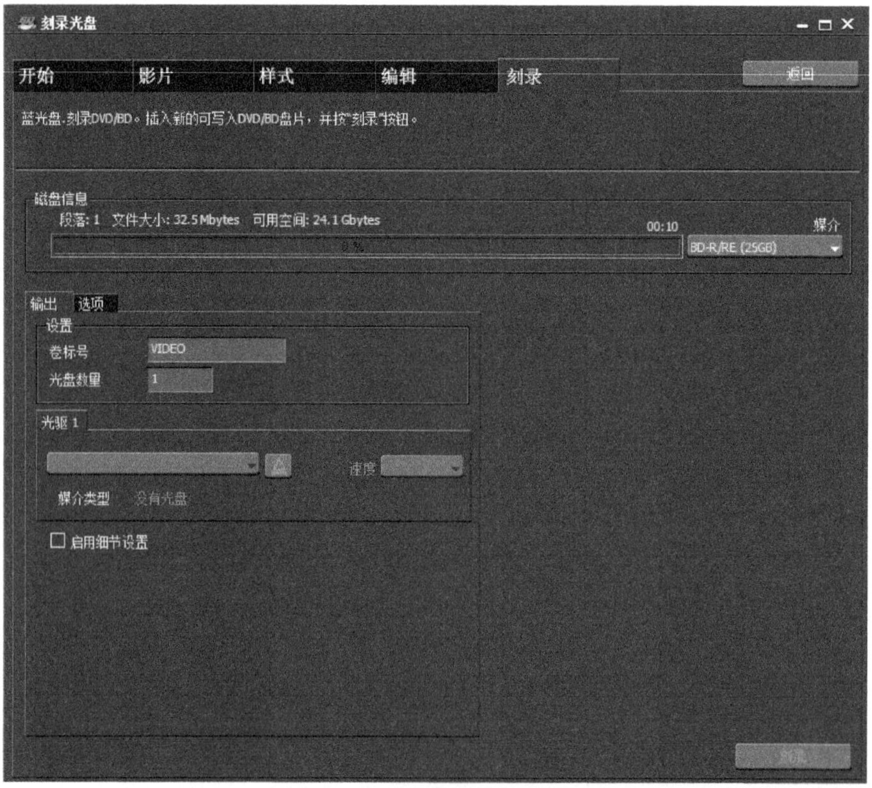

图 13-39 "刻录"选项卡

（7）设置完成后单击"刻录"按钮，就可以输出并刻录光盘了。

如果要将已经输出保存的文件刻录光盘，可以在菜单栏中选择"工具→ Disc Burner"选项，打开"刻录光盘"对话框和"浏览文件夹"对话框，如图 13-40 所示。

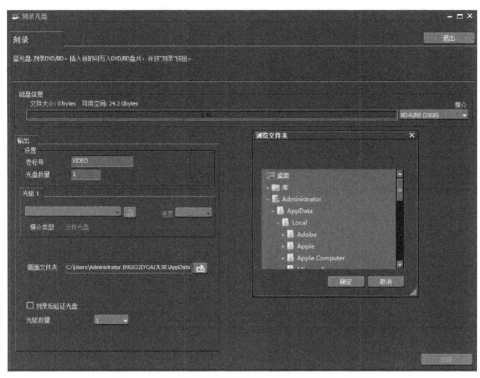

图 13-40 "刻录光盘"对话框和"浏览文件夹"对话框

在"浏览文件夹"对话框中找到要刻录光盘的文件，单击"确定"按钮，关闭该对话框。然后在"刻录光盘"对话框中进行相关设置。最后单击"刻录"按钮就可以了。

第 14 章

《美丽中国》片头特效制作

本章通过栏目片头特效的制作，介绍了字幕的创建和调节、多滤镜组合的综合运用。通过本章的学习，能够掌握栏目片头制作的方法、字幕动画的设置、组合特效等完成视频特效制作的各种编辑操作。

主要介绍下列内容：

- ➢ 字幕的添加
- ➢ 添加手绘遮罩滤镜
- ➢ 复制序列和设置序列
- ➢ 制作特效背景

14.1　添加字幕

片头特效的主要视觉符号就是字幕，所以首先应该把字幕的类型、包含元素和帧大小等进行认真的考虑。

提示

该片头的制作步骤共分为四部分，添加字幕是第一部分。完整的效果参见本书光盘中的视频文件。

（1）新建工程，命名为"《美丽中国》片头特效"，如图 14-1 所示。

图 14-1　新建工程

（2）在素材库中单击鼠标右键，从弹出的菜单中选择"添加字幕"命令，自动打开 Qucik Titler 编辑器，输入大写的字符 B，选择字体为 Vivaldi，具体设置如图 14-2 所示。

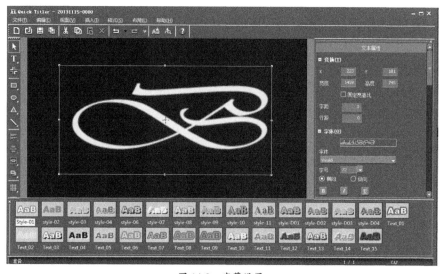

图 14-2　字幕设置

（3）拖曳字幕到时间线的轨道 2 中，长度为 3 秒 10 帧，如图 14-3 所示。

图 14-3　设置字幕

（4）添加"平滑模糊"滤镜，设置其半径为 60，如图 14-4 所示。

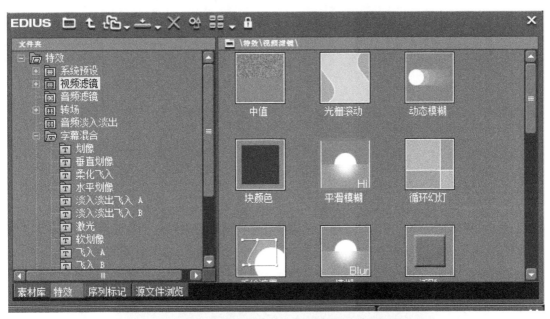

图 14-4　添加和设置滤镜

（5）添加"色彩平衡"滤镜，设置亮度参数的动画，如图 14-5 所示。

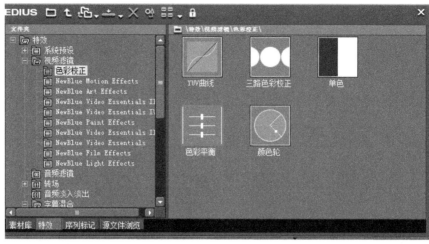

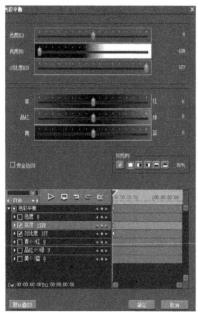

图 14-5　添加和设置滤镜

（6）下面是设置好的效果，如图 14-6 所示。

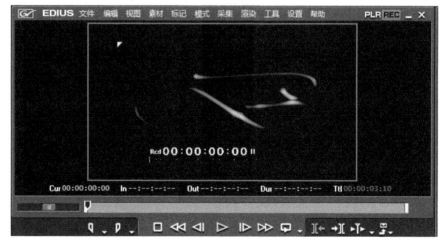

图 14-6　设置的效果

图 14-6 设置的效果（续）

（7）添加"色彩平衡"滤镜，并设置其色彩参数及其动画的参数，如图 14-7 所示。

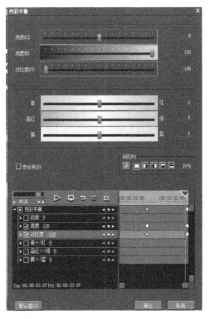

图 14-7 设置色彩参数和动画

（8）下面是设置好的效果，如图 14-8 所示。

图 14-8　效果

（9）添加"YUV 曲线"滤镜，并设置其参数，如图 14-9 所示。

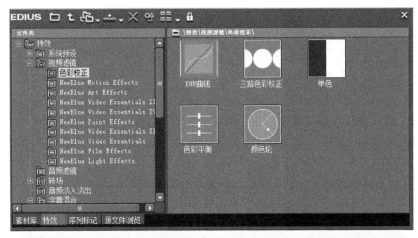

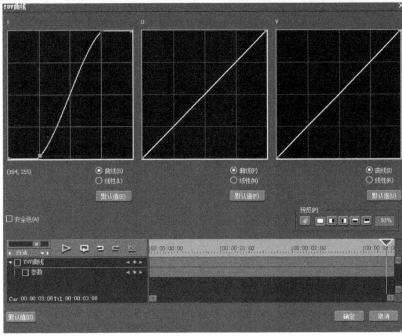

图 14-9 添加的滤镜

（10）查看设置后的效果，如图 14-10 所示。

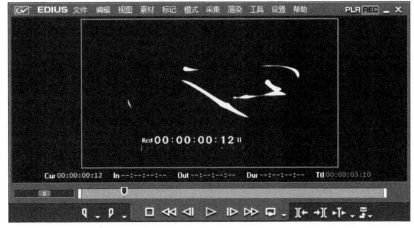

图 14-10 效果

图 14-10　效果（续）

14.2　添加手绘遮罩滤镜

手绘遮罩滤镜能够实现手写效果，这是经常使用的一种字幕制作效果，在很多电视片头中能够看到这种效果。

（1）在素材库中单击鼠标右键，从弹出的菜单中选择"新建素材→色块"命令，如图 14-11 所示。

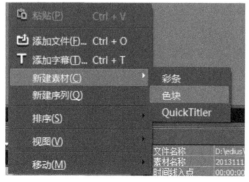 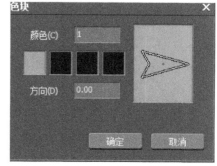

图 14-11　添加的色块

（2）拖曳该素材到时间线的轨道上，如图 14-12 所示。

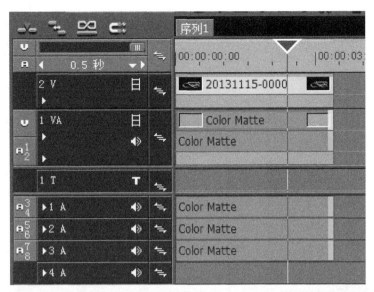

图 14-12　添加到轨道后的效果

（3）新建一个黑色涂层，放置于字幕轨道的上一层，单击键特效组，添加轨道遮罩，如图 14-13 所示。

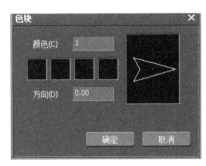

图 14-13　添加的轨道遮罩

（4）下面是添加轨道的效果，如图 14-14 所示。

图 14-14　效果

（5）选择橙色图层，添加手绘遮罩滤镜，参考字母 B 绘制一条遮罩，如图 14-15 所示。

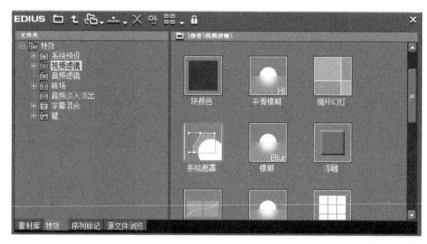

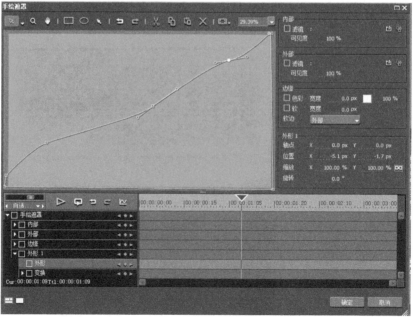

图 14-15　添加的遮罩滤镜

（6）勾选"内部滤镜"选项，单击 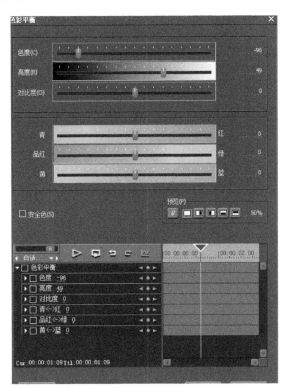 按钮，弹出滤镜列表，从中选择"色彩平衡"滤镜，如图 14-16 所示。

（7）单击 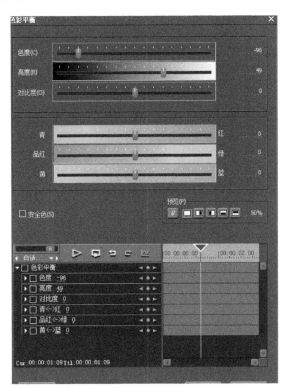 按钮，设置色彩平衡滤镜的参数，如图 14-17 所示。

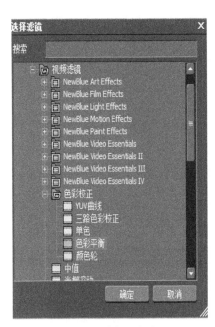

图 14-16　选择的滤镜

图 14-17　设置的参数

（8）下面是应用滤镜的效果，如图 14-18 所示。

图 14-18　应用的滤镜效果

（9）勾选"外部滤镜"选项，单击  按钮，弹出滤镜列表，从中选择"颜色轮"滤镜，单击  按钮，设置颜色轮滤镜的参数，如图 14-19 所示。

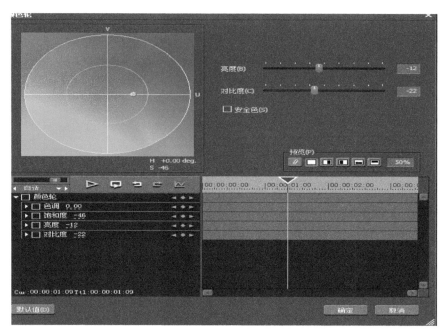

图 14-19　应用的滤镜

（10）在节目预览窗口中拖曳时间指针，查看字的动画效果，如图 14-20 所示。

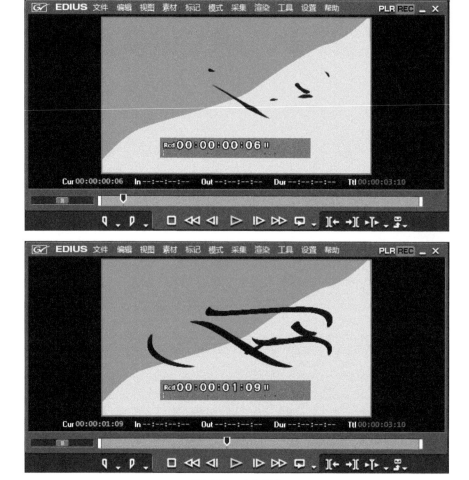

图 14-20　动画效果

图 14-20　动画效果（续）

（11）在时间线面板中单击字幕工具，从下拉菜单中选择"在 T1 轨道上创建字幕"命令，自动打开 Qucik Titler 编辑器，创建字幕，如图 14-21 所示。

图 14-21　添加字幕

（12）在时间线面板中调整该字幕的入点为 1 秒，出点为 3 秒 10 帧。在特效面板中单击字幕混合特效组前面的加号，展开字幕混合特效，添加软划像组中的"向左软划像"特效，再拖曳"向右软划像"特效到字幕的出点，如图 14-22 所示。

图 14-22　设置划像效果

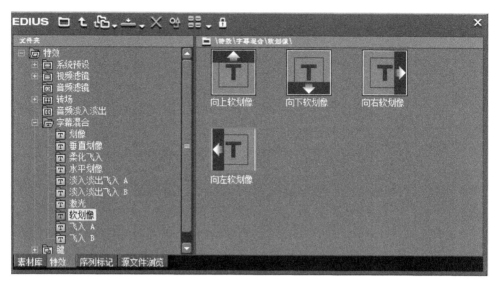

图 14-22　设置划像效果（续）

（13）下面是设置的效果，如图 14-23 所示。

图 14-23　设置的效果

图 14-23 设置的效果（续）

（14）鼠标右键单击轨道 2，从弹出的菜单中选择"添加→在下方添加视频轨道"命令。导入一个风景图片素材，如图 14-24 所示。

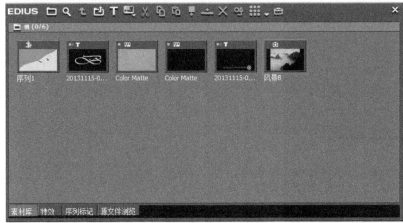

图 14-24 导入图片

（15）下面是导入图片在视频轨道中的位置，如图 14-25 所示。

（16）在时间线面板中选择橙色图层，在信息面板中拖曳"手绘遮罩"滤镜到风景图片上，然后选择图片，双击"手绘遮罩"滤镜，打开控制面板，调整参数，如图 14-26 所示。

图 14-25　添加的风景图片　　　　　　　　　　　　图 14-26　设置的参数

（17）拖曳时间线指针，查看节目预览效果，如图 14-27 所示。

图 14-27　效果

图 14-27　效果（续）

　复制序列和设置序列

通过复制序列，可以节省制作的时间，但是在复制序列之后，根据需要对序列进行一定的设置。

（1）在素材库窗口中用鼠标右键单击"序列 1"，从弹出的菜单中选择"复制序列"命令，如图 14-28 所示。

图 14-28　选择命令

（2）鼠标右键单击新的序列，从弹出的菜单中选择"序列设置"命令，打开"序列设置"对话框，重命名序列为"序列 2"，如图 14-29 所示。

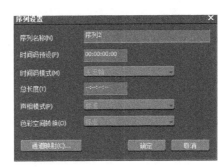

图 14-29　打开"序列设置"对话框

（3）在素材库窗口中双击"序列2"图标，在时间线面板中打开该序列，调整字幕、遮罩以及滤镜的参数，如图14-30所示。

图 14-30　设置遮罩和滤镜

（4）用同样的方法创建其他的序列，分别创建序列3、序列4、序列5和序列6，如图14-31所示。

创建的序列 3 效果

创建的序列 4 效果

图 14-31　创建的其他序列

创建的序列 5 效果

创建的序列 6 效果

图 14-31　创建的其他序列（续）

（5）新建一个序列，命名为最终影片，拖曳序列 1、2、3、4、5、6 到时间线上，如图 14-32 所示。

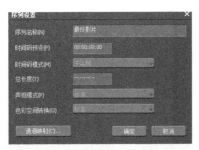

图 14-32　创建的最终序列

14.4　制作特效背景

在最终的特效片头中，通常需要制作最终的特效背景，这样才会使片头的效果更加漂亮，有画龙点睛之效。

（1）创建字幕，添加一个流动的云素材，混合模式为柔光模式，如图 14-33 所示。

图 14-33　制作最终特效背景

（2）为两层字幕添加不同的划像特效。为字幕"美丽中国"添加"淡入淡出"特效，为"Beauty China"添加"左面激光"特效，如图 14-34 所示。

图 14-34　设置划像效果

（3）添加背景音乐，并为其设置淡入淡出效果，如图 14-35 所示。

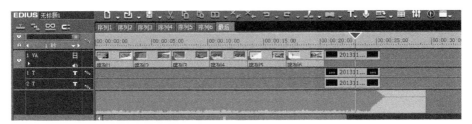

图 14-35　添加背景音乐

（4）选择"文件→输出→输出到文件"命令，打开"输出到文件"对话框进行设置并输出，如图 14-36 所示。

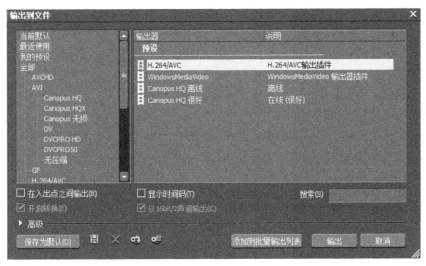

图 14-36　打开的"输出到文件"对话框

（5）单击"输出"按钮，设置保存的文件名、保存类型和位置，如图 14-37 所示。最后单击"保存"按钮即可。

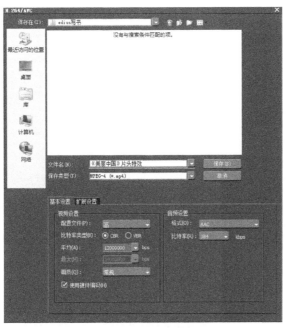

图 14-37　设置输出文件的存储位置